"心迹"的计算

——隐性知识的人工智能途径

（第二版）

董　军　著

U0279202

上海科学技术出版社

图书在版编目（CIP）数据

"心迹"的计算 ：隐性知识的人工智能途径 / 董军
著. -- 2 版. -- 上海 ：上海科学技术出版社，2024.7.
-- ISBN 978-7-5478-6690-0

Ⅰ．TP18

中国国家版本馆CIP数据核字第2024452823号

"心迹"的计算——隐性知识的人工智能途径(第二版)

董 军 著

上海世纪出版(集团)有限公司
上海 科 学 技 术 出 版 社 出版、发行

(上海市闵行区号景路 159 弄 A 座 9F - 10F)
邮政编码 201101   www.sstp.cn
上海展强印刷有限公司印刷
开本 787×1092 1/16 印张 15.25
字数 240 千字
2016 年 12 月第 1 版
2024 年 7 月第 2 版 2024 年 7 月第 1 次印刷
ISBN 978 - 7 - 5478 - 6690 - 0/TP · 92
定价：68.00 元

要达到关于知识的理论，不可能通过对逻辑性的思维和思辨进行分析，而只能通过对经验的观察资料进行考查和直接的理解。

——爱因斯坦《评梅耶和松的书》

目录

心 迹 何 处

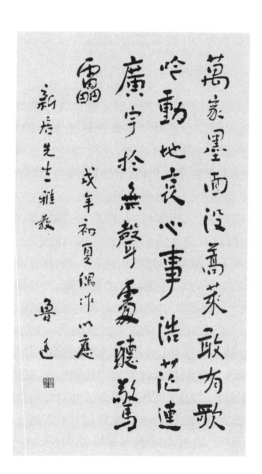

万家墨面没蒿莱,敢有歌吟动地哀。
心事浩茫连广宇,于无声处听惊雷。

戊年初夏偶作以应新居先生雅教　鲁迅[1]

智巧兼优,心手双畅[2]。

——唐·孙过庭《书谱·序》

甲子出新童子是,心灵依旧物灵非。

古人将脑作用归之于心,是知识的误区,但将人的思考机能与当时所理解的最重要器官关联,反映了古人的阶段性认识。检查心脏健康与否的基本手段是心电图,那是仪器记录的心脏每一心动周期收缩和舒张所产生的电生理活动的时间序列,是物理、生理意义上的"心迹"。相对于此,展现文化内涵和精神寄托的书法艺术则可透露人的喜怒哀乐、情感心绪,是精神、心理层面的"心迹",拙著所及可谓"心有旁骛""一心二意"。

马克思在其中学毕业前夕所写的《青年在选择职业时的考虑》一文中写道:"在选择职业时,我们应当遵循的主要指针是人类的幸福和我们自身的完美。不应认为,这两种利益是敌对的,互相冲突的,一种利益必须消灭另一种的。人类的天性本来就是这样的:人们只有为同时代的人的完美,为他们的幸福而工作,才能使自己也达到完美。"[3]

"人类的幸福"内涵宽广、理解有别,根本而言,健康当是幸福的基础,缘此才有蓬勃生命的延续、丰富生活的体会、充实人生的追求。"自身的完美"涉及身、心两者,若缺失健康则完美无从谈起。心,除了指中央位置以外,有两类含义,一是心脏,二指意识功能,或言生理和心理两者。前者的经典之作如《心脏运动论》[4]。后者又包括两个方面,一是心灵,即精神表现,通俗之作是《心的简史》[5];二是心智,有时是智能的另一种表述,也是拙著的主题词。当今社会,心脑血管疾病已是威胁人类健康的头号杀手,最佳的应对措施首先是"治未病",其次则是及时诊治,计算机、信息化可以提高效率、提升速度,而智能信息处理可提供更实时和更具针对性的服务。

唐代书法家孙过庭在其书法理论经典之作《书谱·序》中说:"智巧兼优,心手双畅"。[2]"智巧"谓人的智能与书写技巧,而"心手"当指大脑与手。如《孟子·告子上》十五云:"耳目之官不思,而蔽于物。物交物,则引之而已矣。心之官则思,思则得之,不思则不得也。"[6]其中"心"为脏腑之心,实际上思考的器官是脑,即"心智"之心[7,8],如平常所说的"心旷神怡""心猿意马""称心如意""心有灵犀一点通"中的"心"。

孙过庭还说："……神怡务闲，一合也……心遗体留，一乖也……""……睹迹明心者焉""贵使文约理赡，迹显心通……""写《乐毅》则情多佛郁；书《画赞》则意涉瑰奇；《黄庭经》则怡怿虚无；《太史箴》又纵横争折；暨乎《兰亭》兴集，思逸神超，私门诫誓，情拘志惨。""非其心闲手敏，难以兼通者焉。"都是说书法创作与心情、情绪有关。唐代另一书法理论家张怀瓘在《书断·序》中说："……技由心付……心不能授之于手，手不能受之于心。虽自己而可求，终杳茫而无获，又可怪矣。"[9]同是唐代书法理论家的韩方明在《授笔要说》中指出："然意在笔先，笔居心后……"[10]，都是指心与手的呼应。

在我们的生活中、语境里，心电图和书法是大众关心或熟悉的话题，拙著介绍以它们为背景与对象的人工智能研发的阶段性成果，但愿同时也是为人类而工作的一丁点具体努力。其中，计算机辅助心电图诊断面向社会的实际需求，机器书法创作模拟则缘于研究兴趣，本意只是探索形象思维的机器模拟的可能性，就审美本身而言，笔者不认为其结果可与优秀之作媲美。

据此出发，本章以后的各章将涉及三个方面：人工智能背景、思维科学基础与经验知识阐述，即第 1 章至第 3 章；计算机辅助心电图诊断和书法创作模拟工作介绍，分别是第 4 章和第 5 章；由前述讨论引出的科学与艺术话题以及人工智能未来的若干方面，分别是第 7 章和第 8 章。以下是主要章节引述。

第 1 章：人工智能山重水复。各学科得以形成，当有其源头、轨迹和脉络，而不会是孤立的过程，它们既是人类知识的积淀，也是学科本身的"前车之鉴"，历史的回顾有助于我们洞察过去、立足当今从而把握未来。本章扼要梳理人工智能发展历程并与当代探索与规划衔接，分析对人工智能一开始的乐观预言，介绍其核心思想、关键人物和若干里程碑工作。

第 2 章：形象思维扑朔迷离。思维模拟是人工智能的核心，而形象思维本是原始思维、艺术思维、儿童思维等领域的话题，与科学的基础，即抽象思维或逻辑思维似乎"道不同"。但作为思维的一种形式，既最早体现又难以言明，若要进行完整的思维模拟，就不能"不相为谋"。本章涉及逻辑悖论、日常思维、钱学森倡导的思维科学体系以及辩证思维等方面。

第 3 章：经验知识举足轻重。经验是知识的重要来源，表面上看经验与严谨的科学技术不相干，实际上人工智能技术如西蒙言可谓经验科学，知识的获取过程、表达方式及其推理机制与经验整理密不可分,逻辑推理与经验既不同又关联。本章阐述显性知识与隐性知识、领域经验与知识学习等的基本观念,生活中学习能力与常识积累互相关联,机器学习也一样。

第 4 章:心电图谱见微知著。计算机辅助心电图诊断中,诸如现有的算法特点与医生脑中的诊断思维过程是否一致、分析时所关注的特征集是否是疾病分类的充要条件等制约着不同方法的可用性。心电图分析是笔者关于隐性知识问题的起始点。本章强调医生思维过程模拟、经验知识学习,以及计算中规则推理与深度学习融合等的内涵及其意义。

第 5 章:机器书法浮光掠影。用计算机模拟文字书写过程并非新鲜之举,国内外有大量工作,诸如毛笔物理特性甚至草书"飞白"的随机效果的呈现等,多数并非出自思维模拟(至少并非显式地考虑此事)的目的。毛笔书法创作是形象思维的典型形式。本章从书法创作的关键过程和实践体验出发,介绍其模拟尝试的特点、思路、方法、结果及其教学应用设想。

第 6 章:科学艺术若即若离。科学崇尚真理,艺术追求唯美,它们是人类文明发展历程的两条独立而互望的道路,从本质、手段到表现均有独特的方式,并非两条平行线,而是既有交叉又有相互的影响。由书法艺术创作模拟的探索,拓展到科学、技术与艺术关系问题。本章叙述若干科技大家关于具体艺术的思想与论述、艺术中似是而非的视点与观点,以期获得启迪。

第 7 章:人机结合峰回路转。人工智能尚无系统理论指导,面对的又是如此复杂的人脑,是在摸索中不断进步的,其间有乐观预测、停滞徘徊、突飞猛进、泛在应用,那里始终是探索的天地、想象的空间、激荡的海洋、智慧的沃土。本章以人机结合这一人工智能系统的基本形态为前提,讨论人工智能更多方面,包括意识、境界等话题,隐性知识依然是其中避不开的内容。

前两部分有若干篇附录。后一部分未分主、附录各篇,或是笔者理念,或是细节材料,或是延伸补充,与主题有关而程度有异,亦可谓"外篇"。其中的核心是经验中的隐性知识。各章主要观念及其相互关系见图 0-1。

人工智能(AI)的发展可谓从智能模拟(intelligence simulation, IS)经思维模式(thinking pattern, TP)到认知模型(cognition model, CM)的递进,相应外延逐步扩大。

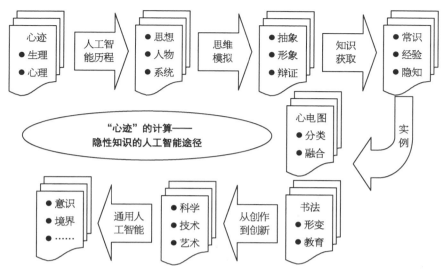

图 0 - 1　各章主要观念及其相互关系

AI $\triangleright_{df}\{IS，TP，CM\}$

IS $\subset$ TP $\subset$ CM

知识包括领域（domain）知识和常（common-sense）识。

Kn $\triangleright_{df}\{DK，CK\}$；

领域知识包括显式（explicit）知识和隐性（implicit）知识，隐性知识主要与经验有关。

DK $\triangleright_{df}\{EK，IK\}$；

根据经验（experience）的知识精化（refinement）指去除冗余信息、添加新的内容、确定适用区间等。

IK $\triangleright_{df}$ refin$\{Exp\}$。

拙著的核心涉及隐性知识的建模，也就是隐性知识的人工智能途径。计算的原意是根据已知数通过数学方法求未知数的智力活动。随着计算机的普及及其大规模应用，计算逐步变得几乎无处不在，计算的对象和内容也日益丰富，远不限于数字计算本身，尽管计算机内部还是用二进制的数字表示。无论针对"心"的心脏之意及其生理活动，还是内心写照抑或心灵激荡，均为拙著中的"心迹"一词的外延，无非一种是物质的，一种是意识的。

黄庭坚有《欸乃歌二章戏王稺川》诗：

> 从师学道鱼千里，盖世成功黍一炊。
> 日日倚门人不见，看尽林乌反哺儿。

但愿"心""心"相映，不知得之与否？

参考文献

［1］秦硕.鲁迅书法珍赏.沈阳：辽宁美术出版社，2019：55.

［2］孙过庭.书谱·序//华东师范大学古籍整理研究室.历代书法论文选（上）.上海：上海书画出版社，1979：124～132.

［3］卡尔·马克思.青年在选择职业时的考虑//卡尔·马克思，弗里德里希·恩格斯.马克思恩格斯全集（第四十卷），中共中央马克思恩格斯列宁斯大林著作编译局，译.北京：人民出版社，1982：3～7.

［4］威廉·哈维.心脏运动论.凌大好，译.西安：陕西人民出版社，2001.

［5］盖尔·戈德温.心的简史.彭亦农，译.长沙：湖南文艺出版社，2009.

［6］杨伯峻.孟子译注（下）.北京：中华书局，1960：270.

［7］吉尔伯特·赖尔.心的概念.刘建荣，译.上海：上海译文出版社，1988.

［8］伯特兰·罗素.心的分析.贾可春，译.北京：商务印书馆，2010.

［9］张怀瓘.书断·序//华东师范大学古籍整理研究室.历代书法论文选（上）.上海：上海书画出版社，1979：154～156.

［10］韩方明.授笔要说//华东师范大学古籍整理研究室.历代书法论文选（上）.上海：上海书画出版社，1979：285～288.

1

人工智能万水千山

桃李领春色,黄花点秋容。
万物各有时,而况真英雄。

叔伯先生正　于右任[1]

计算机问世后，人们就有可能开发出这样的系统，其复杂性层次是过去想都不敢想的；由于计算机能够解释和执行其内存的程序，又启动了人工智能的研究[2]。

——司马贺

假作真时真亦假，无为有处有还无。

智能发生及其本质，和宇宙起源与终结、生命诞生与进化、物质结构与范围一起被认为是人类面对的基本问题，其相应观念和纷繁呈现离生活更近、与人类关系更直接，然而关于其活动、过程和机制充满了迷茫、困惑和期待，迄今为止于人们还如"雾里探花"，除了大脑神经元数量规模的估算、宏观功能的大致定位、有些生理或病理特征的可视化之外，认知神经科学对大脑的微观运作机理和神经元活动的剖析、认识与理解，依然还如"盲人摸象"。

1.1　神妙智慧

仰望浩瀚苍穹，或晴空万里，或银汉灿烂，或雷电交加，或晚霞绚烂，疑问随之而来：更遥远的"天外"是什么？它们有边界吗？那里有类人的生命吗？宇宙又是如何起源的？现在的说法是宇宙源于大爆炸，将终结于黑洞，大爆炸前是什么？理论假设是一个奇点，此外还有量子震荡、中微子等推测。

面对芸芸众生，旁观各色种群，包括人类这个万物之灵长在内的生命是如何出现和进化的？进化论是一种合理的解释，也有观点认为进化论中有的地方证据不足，有的甚至举出"反例"，然而至少它是一种理论，另外还有"人择原理"，没有别的系统理论，更不要说服人的其他学说……

万物生长，形态各异，它们有基本的结构吗？有共同的基础成分吗？不同的粒子不断被发现，这是物理学的进步，而基本粒子过段时间往往不再"基本"，物质基本结构不断被突破，现在叫"夸克"，随着科技的进步，认识得以深入，基本粒子的神秘面纱被一层层揭去，还会有一次次惊喜……

这些问题还没有最终答案，离出发点的距离，也就是人们开始探索至今的历程已经不算短暂，离最后结果的获得还有多少路程虽然不得而知，借用"行百里者半九十"之喻当不会误。

一部关于两次荣获诺贝尔奖的居里夫人的传记中有如下文学色彩浓郁

而又科学范十足的文字[3]：

> "怎么会有人觉得科学枯燥无味呢？还有什么东西比支配宇宙的不变定律更醉人？还有什么东西比发现这些定律的人类智慧更神妙？这些非凡的现象，以和谐的原则彼此联系；这种次序，表面上无次序而实际上有次序；与它们相比，小说显得多么空虚，神话显得多么缺乏想象力啊！"①

智慧是机体进化、环境交互、"身""心"互动的产物，由此而生的又一个问题是：人类智慧能够认识无比神妙的呈现智慧的自身大脑吗？这有赖于科技自身，也离不开浸淫科学的人文精神；有待开拓未来，还要借鉴历史。人类对自然和社会的思索和理解，既是与环境抗争、改造社会的现实需要，也是科学昌盛和文明进步的必然结果。世人内心探求未知的渴望无法被遏制，世界各民族古代的神话、寓言通过推测、想象企图对自然现象及其可能情状做出解释或赋予期待，是原始思维的体现，也是形象思维的表征，南北朝的刘勰在其《文心雕龙》中最早提出了形象思维。希腊神话中的火神和工匠之神赫菲斯托斯（Hephaestus）创造出了潘多拉（Pandora）。而中国"嫦娥奔月""龙宫探宝"经过数千年的历程已变成"可上九天揽月，可下五洋捉鳖"的现实。当然，那只是行为结果，并非对内在生命机制的把握。

回望未曾中断的中华文明，博大精深、辉煌灿烂，从楚辞到乐府，从传统医学到琴棋书画，文献浩如烟海，典籍汗牛充栋。春秋战国时期，制度变革推动了文化的繁荣，并促成了思想的空前活跃和观念的兼容并蓄。"百家争鸣"蔚然成风，"诸子百家"应运而生。儒家、道家、墨家、法家以及医家不一而足。其中，以《老子》《庄子》《列子》等为代表的道家偏向自然、逻辑等领域。《老子》的辩证宏约、探天索地，《庄子》的汪洋恣肆、诙谐磅礴为一代又一代后人津津乐道，并被捧为金科玉律；《列子》则哲理隽永、慧光闪烁。让我们后人领略了灿烂的思想光芒、瑰丽的文化传统。

钱学森在编《关于思维科学》一书时，把李泽厚的一篇《漫述庄禅》放进去，笔者后来多次阅读钱学森著作以后，方理解他是出于对中国传统思维的特别关注和期待才那样选择的。李泽厚说他写了那篇文章以后，钱学森专

---

① 约20年前读到此语，后多次欲找《居里夫人传》一读，未果。近日从图书馆借得，浏览中看到原话，倍感至理。——2002年9月5日

门去他宿舍跟他交流，他说钱学森非常严谨，他想从中国思想当中寻找人类思想未被关注的一方面。这不仅体现钱学森广博的知识面、深邃的眼光，也体现他考虑问题的全面和深刻。一般人通常不会把现代科学放到中国传统文化背景当中去，但是他却视之甚重，可能他希望通过这点指出中国传统文化与现代科学之间是有内在关系的[4]。这是一个著名哲学家、思想家对一个杰出科学家、思想家的深深认同与钦佩。

中国传统文化与现代科学思想在某种程度上"貌离神合"，有着天生的渊源。《列子·汤问》(十三)讲了"机械人"的故事[5]，说在周穆王西狩归来的路上，有一个叫偃师的能工巧匠觐见了周穆王，并向周穆王引见了一个他所造的"歌舞者"。该"人"动作流畅、仪态万千，几乎想到什么就能做到什么。周穆王信以为真，待偃师当场剖开这个假人，周穆王一看，其实内部都是皮革、木料、生漆等物，体内的肝、胆、心、肺、脾、肾、肠、胃，体外的筋骨、枝节、皮毛、牙齿、毛发，都是假的。偃师把这些东西组合在一起，它又复活如初。周穆王试着取出其心脏，"他"就无法说话了；去掉肝脏，"他"就丧失了视觉；去掉肾脏，"他"就不能行走了。所谓班输的云梯、墨翟的飞鸢，都自称是最高的技能了，当听说了偃师的技巧，他们终身不敢谈论自己的技艺。

阅读之余我们不能不惊叹其精致的制造力和丰富的想象力。明代江东伟《芙蓉楼寓言》言其为"此幻术鼻祖"[6]。一千多年后的诸葛亮的"木牛流马"则是又一个经典故事，只是《三国演义》作为小说可以具有更多"神来之笔"。"机械人"故事给我们的启示是多方面的。

首先，无论出于娱乐之意还是好奇之心，人工制造"类人"之物是古已有之的人类理想，诸多愿望的实现需要漫长的时间，远非个人生命可比；

其次，人们关注的往往是"机械人"的表现，是一种行为模拟，这样的行为是否有与人类自身一样的生理机理则可另当别论；

再者，这样的机械，并不需要都是由类人之物构成，内外有别，主次有分，是"生"和"物"的结合。

往事越千年，生命无所息，历史在时空隧道中前行。1939 年，为制造一台能解含有 29 个未知数的线性方程组的机器，诞生了以制造者名字命名的一台完整的样机 ABC(Atanasoff-Berry computer)。这是电子与电器结合的机器，电路系统中装有 300 个电子真空管执行数字计算与逻辑运算，用电容器来进行数值存储，数据输入采用打孔读卡方法，还采用了二进位制。1946

年,莫奇利(J. W. Mauchly)和埃克特(J. P. Eckert)设计制造了电子计算机ENIAC[7]。他们用掉18 800只晶体管、70 000只电阻、1 500个继电器、6 000多个开关。该机耗电150千瓦,占地167平方米,总重30吨,每秒运算5 000次[8]。由于申请了专利,该机长时间里被宣传为首台电子计算机。有"计算机之父"之称的约翰·冯·诺依曼(J. von Neumann)参与其研制,他为现代计算机提供了基础结构,使我们今天所熟知的计算机原则概念化和清晰化。现代计算机理论先驱则是巴贝奇(C. Babbage)。具有讽刺意义的是,计算机的进化与人类智能的成熟方向相反[9]。

1.2 杰出思想

人工智能的研究方法通常被概括为符号主义、联结主义和行为主义几种。符号主义又称逻辑学派、心理学派或计算学派,也是最初和最经典的方法。它以纽厄尔(A. Newell)和西蒙(H. A. Simon)提出的物理符号系统假设为基础,从逻辑的角度看,它是符合人的一般思维过程的,由此可言,这是脑内过程的一种映像方式。从家用电器如电冰箱、空调器到飞机、列车的控制,都有根据预先确定的原则实时调节或逐步执行的过程,它以规则推理为基础,然而针对不同领域的问题,规则的来源、验证和刻画都有其难以克服的问题,比如人的有些经验往往言说不清,有些具有不确定性,要让机器了解这样的内容会令其不知所云,此时的推理,难免有不可靠或束手无策之窘。

联结主义则从人的大脑神经系统结构出发,研究分层的、互相联结的简单神经元的集群信息处理模型、能力及表现。1943年麦克卡洛奇(W. S. McCulloch)和匹茨(W. H. Pitts)宣布,大脑中每个神经元都是一个简单的数字信息处理器,而大脑作为一个整体是一种形式的计算机器,它们被称为人工神经网络、神经计算仿真学派或生理学派。以前的人工神经网络通常是三层模型,21世纪以来,相对于经典结构而言的深层神经网络得到广泛研究与应用。

行为主义又称进化主义或控制器学派①,其原理为控制器及感知——

① 维纳的控制论被认为是实现机器智能在理论和方法方面的全面探讨,由于技术条件限制,没能成为发展人工智能的基础。

动作型控制系统，从行为心理学出发，研究其在与环境的交互作用中表现出来的智能，更加类似于生物系统。例如，布鲁克斯(R. Brooks)研制的机器人 Herbert(以西蒙的名字命名)以麻省理工学院人工智能实验室的办公室和工作空间作为自己的环境，在桌子上搜寻空的软饮料罐子，把它们捡起来并带走。机器人要越过某些障碍，可以通过普通的红外线感知，日益普及的家用机器人吸尘器就借助于此；也可利用全球定位系统分析，如军事机器人。但一方面行为与智能不在一个层面，行为作为智能的表现可以部分地对应或映像智能；另一方面，行为与环境密切关联，对环境的感知和建模是随之而来的问题。

取各种方法的优势使之融合、互补是可取的路径，而要统一不同的路径和方法使之"一体化"，无论从实践探索的积累，还是理论基础的沉淀角度看，都为时尚早。纵然"没有理论的行动，是盲目的行动"，就人工智能发展现状而言，更重要的是"没有行动的理论，是空洞的理论"。17 世纪莱布尼茨(G. W. Leibniz)提出最初设想，19 世纪布尔(G. Boole)奠基、弗雷格(G. Frege)完善，20 世纪初被怀特海(A. N. Whitehead)、罗素(B. Russell)和哥德尔(K. Gödel)集大成的数理逻辑，是经典人工智能的理论基础。

1955 年纽厄尔、西蒙在肖(J. C. Shaw)的协助下开发了"逻辑理论家"。这个程序能够证明罗素、怀特海于 1913 年出版的巨著《数学原理》中前 52 个定理中的 38 个，其中某些证明比原著更加新颖和精巧。王浩在数学定理机械化证明方面做出了重要贡献，他设计了一个程序，用计算机证明了《数学原理》中几百条有关命题逻辑的定理，提出了"数学机械化"。吴文俊后来在该领域做出了一流工作[1]。人工智能被提出 20 年后，雷纳特(D. Lenat)的博士论文讨论了如何发现初等数学中有趣的待证明的定理而不是定理证明程序的问题[10]。2009 年 4 月，美国《科学》杂志发布了施密德(M. Schmidt)和利普荪(H. Lipson)开发的能从实验数据中发现物理定理的程序的消息，即对其分析形式施加最小约束而发现存在的自然关系[11]。具体地，只要事先加载一组简单的基础数学函数和要求其分析的数据，该程序就能够在输入的数据集中辨别相关因素，从各种可能的解释中精选出有希望的少数几种，然后生成描述它们之间关系的方程。例如，由实验得到位置和速度数据，通

---

① 参见 2.6 节。

过搜索可收敛于能量守恒定理,而不需要预先知道物理学知识。尽管这样的工作能以数学形式表达与物理定理相应的方程,但依然面临证明和解释的挑战,也没有回答是否发现了新定理。新定理的发现,建立在敏锐的眼光、全面的把握和有素的训练基础上。训练支撑把握,把握锻炼眼光,它们也都有赖于经验。

冯·诺依曼与图灵(A. M. Turing)是20世纪两颗科技巨星,他们深刻地支撑、推动了计算机及其基础上人工智能技术的发展与进化。古人强调人之立德、立功、立言"三不朽",大致对应影响(包括人品)、事功(包括组织)、思想(包括理论)三者。

影响上,美国计算机协会所设世界计算机领域最高奖以图灵命名,图灵还是英国广播公司(BBC)评出的"二十世纪最伟大的科学家"(候选人是爱因斯坦、居里夫人、屠呦呦和图灵);有多项诺贝尔经济奖则与冯·诺依曼的"博弈论"有关。

事功上,冯·诺依曼的计算机体系结构设计①受到图灵提出的关于计算的原则的论文的影响,沿用至今。图灵对计算机的实际发展做出过重要贡献,他了不起的实际工作是"二战"时期破译"纳粹"德国的军事密码,使得"二战"提前结束。

思想上,"图灵测试"(见本节稍后)更大意义上是具有哲学色彩的讨论话题,现在看来其于人工智能技术发展尚未见实际指导意义(即未必以其作为人工智能系统能力的衡量原则),人工智能一直在努力模拟人脑机能,不会因为达到某个阶段而止步。

图灵也受冯·诺依曼的影响,冯·诺依曼1935年讲授后来在"图灵机"中得以体现的存储程序概念,他是20世纪最杰出的数学家之一,也是伟大的思想家,兴趣甚广,影响超出计算机、人工智能范畴。关于人工智能,他也有基础性的论述,未完成稿在他去世后以《计算机与人脑》为名出版,第二版序言认为他是心智领域的牛顿[12]。

据王浩写的《哥德尔》,在普林斯顿,爱因斯坦之外哥德尔周边还有冯·诺依曼、图灵等。香农(C. Shannon)在一次访谈中曾说在普林斯顿遇到过爱因斯坦、哥德尔、冯·诺依曼,但他们未必记得遇到过他。冯·诺依曼

---

① 量子计算、光子计算、生物计算等都是非冯氏结构计算模式的探索。

引用哥德尔定理并称赞其超越他人的工作。哥德尔一方面曾"反驳图灵把人心与机器等同看待的论点"[13];另一方面,强调他的不完全性结果"丝毫没有给人类理性的力量设立界限,而只是给数学中纯形式体系的潜能设立了界限"。这话不点名地批评了图灵。但"他认为 1936 年图灵的工作是自己有关形式化局限性工作的一大补充与完成"。[13]

人工智能最早的奠基工作是由图灵开展的,他认为,无论对于机器还是人脑,外在行为就是标准,而语言的唯一作用就是实施这种标准。如果机器能够完全模仿大脑的外在表现,那就没有必要关心它的内部是怎么做的,机器就是在做算术、下棋、学习和思考[13]。1950 年图灵在论文《计算机器与智能》[15]中描述了人工智能的前景。这篇论文后被改名为《机器能思维吗?》。换句话问,就是计算是思维的一种形式吗? 进而的问题是,机器能否通过表征智能行为的测试,这就是后来被人们津津乐道的"图灵测试"。

那是一个模仿游戏,参与者有:一个询问者(C),一个男人(A),一个女人(B)。C 与 A、B 通过隔离的房间进行交流(例如用键盘打字使其在屏幕上显示);除此之外,3 个参与者没有其他接触方式。询问者在游戏中的任务是,通过提问来确定 A 和 B 之中哪个是男性。A 在游戏中的目标是使 C 做出错误的判断。而对于 B,则是要帮助询问者。对她来说,最好的策略可能就是如实回答。

如果在这个游戏中用一台机器来代替 A,会出现什么情况? 在这个游戏中一台计算机模仿一个人(男或女)。C 的任务相应改变为判断 A 和 B 之中哪个是计算机。为了完成这个任务,询问者可以问任何问题。而计算机尽一切手段使询问者判断失败。在这种情况下(计算机模仿人)做游戏时,C 做出错误判断的次数,和他同一个男人和一个女人做这个游戏时一样多吗?

一旦计算机在模仿游戏中的表现和人在游戏中一样好,那么测试就通过了。"图灵测试"是一种特定的智能测试,即言语智能的测试,这要求计算机具备常识。后将谈及的大语言模型在诸多方面自然而然地可以通过"图灵测试"。

此后,图灵指出"机器能够思维吗?"这个问题是无须讨论的。1952 年,"图灵测试"进一步修改为,询问者每次询问一个参与对象,有时候是人,有时候是计算机。这就是说询问者并不能事先知道计算机和人的比例。这个方案被于 1991 年开始的一年一度"图灵测试"竞赛采用,该竞赛也被称为侃大山程序比赛,它承诺授予第一个通过本版本的图灵测试的程序 10 万美元的奖励[16]。

此后,不断有系统"通过""图灵测试",实际上,"图灵测试"的场景、对象应该有客观、标准的界定,而测试者也应是深刻理解"图灵测试"[①]的本意者;通过一定规模的"测试"是一回事,真正具备人的智能是另外一回事,前者只是后者的一个子集。

1.3 乐观预言

这样的计算机的问世,标志着人类用机器模仿自身思维和智慧的新开端,使人工智能研究有了强大的支持。从此以后,人们怀抱着与日俱增的热情和兴趣研究和使用计算机,并在认识自然和改造社会的活动中得到了丰硕回报。在这样的行为背后隐含着如下动机:人们期待着计算机能像人类那样处理问题和认识事物。然而在相当长的一段时间里,计算机给人们带来的恩惠主要在于替代人们进行大量而复杂的数值计算和数据处理。电子计算机本身以超越预期的速度发展了 10 余年后的 1956 年,"人工智能"诞生了[17]。那年 6 月,在美国达特茅斯(Dartmouth)学院由麦卡锡(J. McCarthy,1971 年度图灵奖获得者,人工智能语言 LISP 的发明人)、明斯基(M. L. Minsky,1969 年度图灵奖获得者,框架理论创立者)、罗切思特(N. Rochester)和香农(信息论的提出者)组织召开了人工智能暑期专题讨论会[②]。参加者还包括塞尔弗里奇(O. Selfridge)、所罗门诺夫(R. Solomonoff)、莫尔(T. More)、格伦特(H. Gelernter)、纽厄尔和西蒙(中文名:司马贺)(后两位共同获得 1975 年度图灵奖)。

西蒙认为:"在发现符合经验数据的规律之前,必须拥有适当的数据,这些数据看起来好像是由一个平滑的数学函数所生成的"。[17]这是有赖于机器的智能活动,人工智能的目标便是试图用机器模拟人类智能,上述电子计算机或者具有计算能力的设备(一般叫作专用计算机)正是这样一类机器。通过这样的探索和实践,人们可以反过来加深对智能本质的理解和认识,这同

---

① 有观点提出"逆图灵测试":观察机器能否判断某信息是人还是机器给出的。
② 按麦卡锡的说法,是他召集了 1956 年的达特茅斯会议,提出了"人工智能"一词,明斯基只是应邀参会。见王飞跃:一位真正的科学思想家:纪念人工智能之父 Marvin Minsky 教授.科学网,2016.3.14:http://blog.sciencenet.cn/blog-2374-962496.html.

样也是人工智能的目标。本质指的是核心功能、神经机制和处理过程，迄今为止人类对智能本身了解颇为有限，对复杂的脑内过程建模为时尚早。因而，这里所说的模拟着眼于结果和效用，即外部表现，可以"殊途同归"。比如飞机是人类受飞鸟的启发而发明的，它们都能在蓝天翱翔，但飞机内部装置与鸟的体内构造并不一样。现代飞机中有大量的专用计算机在工作，它们构成一个网络环境，也具备一定的智能，比如它们可代替驾驶员驾驶。这既是从实际出发的选择，也是现实的无奈。换言之，这里只要求"弱等价"：给两个算法相同的输入会得到相同的输出，而强等价要求它们的处理过程也是一样的，或者说它们所有的中间步骤是一样的，这是更复杂的要求。

有了计算机这样的智能模拟的载体或者智慧的物化能力，情况完全不同了。"虽然电脑①与人脑大相径庭，但电脑会让我们学到人脑的知识，这些知识是我们光研究人脑永远也不会发现的"[18]。这给世界的震撼是无可比拟的，现在看来，一开始关于人工智能的预言在彼时也是情有可原的。

1957年，西蒙认为世界上已有可思考、学习和创造的机器。进一步，它们做这些事情的能力会快速增长，直到一个可预见的将来，它们能处理问题的范围将与人的心智所及的范围同样广阔[19]。

1958年，西蒙和纽厄尔预言10年以后，数字计算机可以成为国际象棋②世界冠军，并证明新的重要数学定理；

1965年，西蒙预言，20年内，机器将能做人能做的任何工作；

1968年，毫无悔意的西蒙再次预言："只要男人能干的工作，电脑都能干"[19]，他的预言与图灵曾经的预测比起来显得过于乐观。

1967年，明斯基预言，一代人内，根本上解决产生"人工智能"的问题；

1970年，明斯基预言，3到8年内，将出现具备普通人平均智能的机器。

大家对人工智能一开始表现出无比的信心和极度的乐观③，其研究遇到的困难是，满足演示一两个简单问题的方法在面对更广泛和更复杂的

---

① 笔者曾对有人批评将计算机称为"电脑"表示赞赏，因为计算机与"人脑"差距太大，称其为"脑"大有言过其实之嫌，甚至是极尽夸张之能事，但对"机器人"一说从未置疑。其实它们与实际的"脑"和"人"差距同样都大，笔者的批评如同"五十步笑一百步"。

② 图灵在1952年写过国际象棋程序，与人合作开发过跳起程序。

③ 据云IBM缔造者沃森(T. Watson)曾预言全球市场大概只需要5台计算机。当然他指的是大型机，不是后来的台式计算机、膝上计算机、掌上计算机以至可穿戴计算机。与人工智能当初的"乐观"预言相比，这个预言现在看来甚至"悲观"也说不上。

问题时就失效了,有关程序通常包含太少知识,缺乏常识(common-sense knowledge)是首要问题,这使得人工智能离西蒙预言的实现颇为遥远[20]。此状况实际上隐含着人类"强迫"机器朝人的发展的动机。

在计算机国际象棋手中,"深青年"(Deep Junior)是佼佼者,然其缺乏人类那样的形态把握能力。人工智能的突破在于超越人类的成长过程①。中国最早的九段围棋手之一陈祖德曾将医学和围棋作过比喻:"医生诊断病情和棋手解答死活题相似,水平低的棋手面对一个较深奥的死活题,花再多时间思考也往往白搭,而一位高手只需稍加思考就能答出正解。遗憾的是医务界这样的高手还太少,多少人的病就这样被耽误了,多少人的生的希望就是这样丧失了。"[21]下棋、行医都难,从业者众多,大量的棋谱、医书并不意味着拜读以后就可以成为"高手",同样的学习,多数人到不了那境界,但机器有人类无法比拟的计算速度和存储知识的空间从而获得能力上的互补。

曾国藩说:"以围棋论,生而得国手者,上智也;屡学而不知局道,不辨死活者,下愚也。此外皆相近之质,视乎教育如何。教者高,则习之而高矣;教者低,则习之而底矣。"[22]这里的教育,确切而言,是指在正确方法指导下的经验积累过程。围棋比赛有复盘的传统,以弄清取胜关键和失败原委。大而言之,即历史的回顾。

概略而言,当年预见未能变现,以致直到如今依然棘手的原因大致有三。

第一,估计不足。之所以不足,一是未曾经历而难知"深浅",二是期待急切而过于乐观。

第二,方法阙如。人的大脑是如此的复杂,人们不得不承认那是最难攻克的"堡垒"。

第三,工具缺乏。脑内过程和机器实现间、宏观表现到微观机制间的"桥梁"似乎还是一座空中楼阁。

---

① 犬子吟茫从小到大买过不少种棋,如飞行棋、跳棋、五子棋、中国象棋、围棋、国际象棋等,有时候他要笔者陪着下,但笔者不会下国际象棋,于是鼓励他"你学会了教我",不过他对下棋并无兴趣,不愿花时间去了解和学习国际象棋的规则。他母亲在他上学前给他报过围棋兴趣班,他去了没几次就放弃了。笔者中学时对围棋也有过热情,买了围棋和《学围棋》之类的书,找班上围棋下得好的同学到家里来"对弈",但只是一时兴致,后来长时间未再碰过,直到如今。小朋友缺乏积极性或轻易放弃一件事当然是不鼓励的,但教育不宜强迫,每个人最好都能发现其自身的兴趣,智力的发展是一个自然的、渐进的过程。成人看小孩有这样或那样的问题,其实他自己是一样的,只是生活阶段不同而已;我们看人工智能,也有同感,不同的是,人工智能的成长遵循的并非那样的规律。

到 20 世纪 80 年代,曾有人认为,"最迟到 1990 年,电脑就可以充当你的医生。"[23] 现在看来,除了预言的破灭,这个说法本身需要调整,我们不能期望机器代替人成为独立的医生,而是让机器辅助人进行诊断。在又过了数十年的今天,计算机即使在一个具体的医疗诊断领域往往也难以独立胜任。预期一次次"失灵"的背后是科技本身进步的艰难,艰难的根源是关于思维的迷茫,其错综复杂的程度当今人类尚不可以具体明白。

放眼观史,乐观预估不少,由于各领域自身的迅猛发展及其不断交叉,给人以日新月异、琳琅满目、色彩纷呈、繁花似锦的感觉,科学研究要"既异想天开,又实事求是"亦是不易平衡的。

1.4　知识工程

1965 年,费根鲍姆(E. Feigenbaum)和 1958 年诺贝尔生理学或医学奖获得者莱德伯格(J. Lederberg)开始做后来被叫作 DENDRAL[24] 的启发式专家系统,即一个用于有机化合物分析的程序,也是此后很多专家系统的模型,是在其建立的斯坦福大学的知识系统实验室中完成的。对于像生物化学那样的领域,不但有通用原则,还有许多在实际判断中需要考虑的特例。DENDRAL 可谓是世界上第一个真正的专家系统,被用在工业上和科研院校里。他们研究 DENDRAL 的动机有二:一是研究科学问题如何被解决和发现,尤其是科学家在从经验事实中就假设和理论进行推理时使用或将用的过程;二是希望他们的研究将来能为其他科学家所用,提供对于重要的和困难的问题的智能辅助。他们的工作体现了学术和商业的独特结合。1970 年他们又推出了更为先进的 METADENDRAL,它不仅能用已知规则来推测化合物的结构,而且还能将已知的结构与数据库中的规则进行比较,从而得到全新的规则。

诊断血液感染和脑膜炎感染并推荐药物的专家系统 MYCIN[24] 的研究开始于 1972 年。如果 MYCIN 被告知一个病人已经被检测出出血和痉挛,专家系统将试图诊断是否是细菌引起了病人的症状。它引入了依赖于专家经验的可信度因子和不确定性推理。MYCIN 把医药世界当作是由连接症状与疾病的经验联系所构成的[25],同时,搜索过程中还有一个规则获取过程。它有一个附属的知识获取的软件 TEIRESIAS。多数鉴定者认为其结果与他们自己给出的相符合。

1977 年第五届国际人工智能联合会议上，费根鲍姆阐述了专家系统的思想并提出"知识工程"[24]的概念，至此人工智能研究又有了新转折，知识作为智能的基础开始受到重视，并促使人工智能从实验室研究走向实际应用。他指出，严肃的应用问题与以应用为名的儿戏问题是不同的，必须务实而不是教条主义。专家系统指具备专家能力的系统，或可以像专家那样思维的系统，与知识密切相关。知识工程的基本思想是，用人工智能的原理，对需要专家知识才能解决的应用问题提供手段。它应该包含三方面的基本含义：

- 应用，即明确的任务或目标；
- 专家知识，任何智能系统都需要各类知识；
- 工程，利用工程化的规范方式。

本质上，知识工程代表了人工智能的首次广泛的工业化。其间，人工智能的领域开始转变，基础研究和应用开发两者均有大量投资。同时，技术的缺陷也很快被发现，不过还是有不少有用的系统被发布。1959 年，费根鲍姆在其由西蒙指导的博士论文中开发了该领域最初几个之一的人如何学习的模型。诸如初级知觉和存储器（elementary perceiver and memorizer）可以模拟人通过辨别新单词与旧单词的异同之处来进行单词记忆的过程。费根鲍姆曾是三家应用人工智能公司的共同创立者。他的一个主要兴趣是解决复杂的计算问题时使用启发式方法。费根鲍姆与瑞迪一起，因其"设计与构建大规模人工智能系统的先驱性的贡献，展现了人工智能技术的实际的重要性和潜在商业影响"而获 1994 年度图灵奖。

1984 年雷纳特开始研制 CYC[26] 工程，目标是建立一个常识知识库为未来一代的专家系统提供基础，然后用类比推理解决问题，最后使计算机自己发现知识。知识录入者仔细查看报纸和杂志上的文章、百科全书条目、广告等的同时询问他们自己：什么知识是作者假设读者已经知道的；然后他们用手工编写数百万的断言，目的是捕捉任何（人或者机器）读者为了去理解百科全书所必须有的信息。这些断言按领域和上下文关系分为若干组，一个领域可以有多个组，因为同一个领域可以从不同的角度去观察。1991 年雷纳特和费根鲍姆预言 CYC 将成为一个有人类水平的宽度和深度知识的系统。CYC 包括的知识有：关于日常生活中对象和事件推理的事实，经验规则（rules of thumb）及启发式规则。CYC 包含数以千计的"微理论"，每一个本质上是一组共享一组公共假设的断言。一度，CYC 包含 50 万个术语，其中有 1.5 万个关系类型，与术语相关的 500 万个事实（断言）。新的断言不断通过自动和人工的方式加入。另外，术语表示功能可以自动生成数以百万计的非原子术语。CYC 自己增加大量作为推理过程的产物的断言。雷纳特认为：就人工智能这样的领域而言，做一个经验主义的科学家是有非常大的价值的，那就是观察数据、进行试验、通过计算机验证研究假设的真伪[27]。关于 CYC 是否实现了他的早先预期这个问题还有不少疑问，其中隐含诸多隐性知识无疑，想来后来的"数据挖掘"不无获取之意，只是未明言而已。

专家系统是人工智能的经典代表，尽管典型领域为数不多。人工智能已有的研究与应用涉及谓词演算和搜索、知识表达、推理和问题求解，定理证明、自动程序设计，模式识别、数据挖掘与机器学习，博弈、机器人，自然语言理解，计算智能等。它们基本上要么本身被包含在专家系统研究中，如搜索；要么是一种特定的专家系统，如定理证明；要么是专家思维功能的一部分，如模式识别。计算智能没有直接地模拟专家解决问题的能力或能力的一部分，然而在实际的专家系统研究中，不少工作利用了人工神经网络等，它们之间也没有能决然分开。在医学领域，有经验的医生甚至能运用从资料到假设的思维过程，而从假设到数据的思维过程就难免出错。

1.5 风云人物

除了图灵、冯·诺依曼等这些百年一遇的伟人以及前述其他学者以外，数十年间众多艰辛的开拓者和卓越的领路人谱写了人工智能的不同乐章。前文介绍的"知识工程"创立者费根鲍姆位列 2011 年 *IEEE Intelligent Systems* 发表的"人工智能名人堂"①之首[29]。

除了组织 1956 年的达特茅斯会议，定义了人工智能的发展目标，麦卡锡还开发了一系列关键的工具和方法，1963 年创立了斯坦福大学人工智能实验室，是证明计算程序正确性的数学逻辑的先驱。他指出了常识问题，关于

---

① 钱学森在空气动力学、控制论方面的学术贡献可列该领域的名人堂，而其思维科学理念在西方并非广为人知，但西蒙颇为推崇，认为其与认知科学非常近似，并致信钱学森表达见面交流愿望，惜乎未果[28]。

常识推理的逻辑基础导致了非单调推理和逻辑程序的各种方法。在符号表达和符号赋值基础上他提出了强而简洁的 Lisp 语言，那不仅成为当时主要的人工智能程序设计语言，还是大量关于计算的数学基础的论文的始点。他在 1969 年与海因斯(P. Hayes)一起撰写的"人工智能视角的一些哲学问题"的论文中，首次详细定义了情景演算问题。他还探索了挑战机器人技术和知识表达的机器人意识和内省话题。

1959 年，明斯基和麦卡锡一起创立了麻省理工学院计算机和人工智能实验室。明斯基在其《情感机器》和《心灵社会》两书中均表述了关于人类智能结构和功能的概念。他是人工神经网络的先驱，与派珀特(S. Papert)一起是感知器的奠基者，后来又对人工神经网络提出了严厉的批评。他认为情感比智能反映要简单。他的另一项伟大的成就是框架理论，无论实践还是理论方面都是知识表达的基础。他对于面向对象程序设计范式的出现也有积极的贡献。

伯纳斯-李(T. Berners-Lee)1989 年提出的万维网和语义网是他众多对人工智能的贡献中的两个。他不仅是理念的提出者，还是推动者、开发者和护卫者。他说，在 1990 年代早期，他开始在人工智能领域工作时，瓶颈之一是从专家或有限的文档中取得[①]知识。万维网技术开发的初衷是使全球高校与科研机构的物理学家能更好地分享信息。

恩格尔巴特(D. Engelbart)是鼠标等的发明者，是因特网先驱之一。他企图用计算机工具匹配人的能力，交点即是图形用户界面和自然语言命令，即交互式计算，那还是在 1962 年。数十年间他一直努力为人机交互提出更好的方法。越来越多的实践表明，人机交互体现了人机结合的思想，是实现人工智能的恰当途径。他还提出了包括计算机支持协同工作在内的众多方向。他是 1997 年图灵奖得主。

札德(L. Zadeh)1965 年提出了作为常规(布尔)逻辑的超集的模糊逻辑，这是一个对任何事物而言(包括"真"在内)都有其"程度"的模型。它挑战了绝对真或假的经典逻辑信念。由于对亚里士多德逻辑的"放宽"的重要性，模糊逻辑开启了理性方法于多数没有两个分支的真值的实际情景

---

① 由于拼音输入时选择错误，初稿中此处是"去的"两字，重看时发觉有误但一时未明，后即想到应为"取得"两字。计算机也许可从词性等方面(此处应为动词)纠错，但要具备前述的反应过程亦是难事。

的应用。尽管一开始遭到蔑视,如今模糊逻辑被广泛接受,从消费电子、工业系统到医疗、物理学等领域。宽泛而言,那也是对形象思维刻画的一种努力。

乔姆斯基(N. Chomsky)是著名的语言学家、哲学家、认知科学家和社会活动家。他关于形式语言(用于数学和逻辑)和获取与处理语言的工作极大地影响了人工智能探究。1950 年代他为自然语言开发的语法规则为该领域研究奠定了基础,并导致大量自然语言处理和随后计算语言学的有趣的研究。他还提出了按照不同的表达能力将形式语言分类的乔姆斯基层次(Chomsky hierarchy)。

瑞迪(R. Reddy)的人工智能研究集中在诸如说话、语言、视觉和机器人等的智能的感知和运动神经(motor)方面。他和同伴一起开发了大词汇量的连续语音识别系统。他的将技术用于社会和人类的极有远见的工作使之区别于其他出色的技术专家。他是探索"技术在社会服务"中的角色的真正的先驱者,创立了第一个通用的数字图书馆,扩展了人工智能的实际影响。

珀尔(J. Pearl)是计算机科学家和哲学家,是最初在经验科学中创建数学化因果关系(causal)模型的学者之一,其工作涉及在不确定情况下利用概率图模型的机器学习、推理和决策方法。1980 年代中期,他和同事用清晰而重要的证明过程指出在贝叶斯网络中概率独立性的表达和操作。他还开发了在这些图形表达中执行概率推理的有用算法,这些推理包括诊断推理,其中某些变量(比如病人症状的观察)是指定的,而一些不可观察或隐含的变量(诸如潜在的疾病折磨着病人的假设)的概率改变则是希望看到的。

尼尔森(N. Nilsson)与同事哈特(P. Hart)和拉斐尔(B. Raphael)一起提出了 A* 启发式搜索算法和 Stripe 自动规划系统,多数人工智能教科书一开始就会提及,其解总能找到(如果存在)。当给出一个可接受的启发式函数(不过高估计从当前状态到目标状态的代价),则 A* 是优化的和有效的。Stripe 自动规则系统为一些将定理证明技术应用到问题解决中的新方法奠定了基础。尼尔森还以机器学习、模式识别和计算智能闻名。

魏泽堡(J. Weizenbaum)曾发明一种人机对话程序,使得有时能让人们误以为是在与人类而不是计算机交流。他后来成为人工智能的批评者,关注"应该研究些什么"而非"能够研究些什么"。他认为将人工智能应用在导弹机器防御系统等军事领域都属于一种不适当的推广。这也是社会责任感的一种表现。对人工智能更为尖锐的批评来自德雷弗斯（H. Dreyfus），他最著名的论点就是"计算机不能做什么?"如果计算机完成了某个任务,那不是真正智能的表现。有了这样的反面意见,我们才有更多机会、更深思考来面对人工智能的本质、意义和作用问题。

库兹韦尔（R. Kurzweil）则对人工智能充满信心。他 16 岁时就编写了一套音乐程序,能对著名作曲家的风格做分析,然后创作出类似风格的音乐作品预测。后来,他引入隐马尔科夫模型进行语音识别[10]。他的风靡于世的观点便是 2005 年提出的所谓人工智能发展的"技术奇点",那时候,机器将拥有与人类一样的智能,包括意识、情绪等,这是对人工智能能否超越人类这一经典问题的一种明确回答。引来的自然是新一轮的探索与争论。盖茨（B. Gates）称库兹韦尔是他所知道的在预测人工智能上最厉害的人[30]。技术的发展支撑了他的乐观。

1981 年诺贝尔生理学或医学奖得主中的休伯尔（D. H. Hubel）和威塞尔（T. N. Wiesel）在 20 世纪 60 年代关于猫的视觉系统中局部感知、面向选择的神经元的发现,以及超过三层的网络结构有效地进行学习的结论给人工神经网络的建模研究以良好启发和借鉴。2006 年辛顿（G. E. Hinton）等提出深度学习概念和深度置信网络结构,本希奥（Y. Bengi）等提出非监督"贪心"逐层训练算法,而勒昆（Y. LeCun）等更早实现的卷积神经网络效果明显、先声夺人。深度学习使得人工智能取得突破。他们三位因深度学习方面的贡献获 2018 年度图灵奖,他们是这些年人工智能又一次高潮的"始作俑者",其理论工作是如今人工智能"遍地开花"的根基。

乔丹（M. Jordan）被授予"2022 年度世界顶尖科学家协会奖"之"数学与智能科学奖",以"表彰他对机器学习的理论基础及其应用作出了根本性贡献"。他指出人工智能应是集体,这与人机结合思想一致。他是美国国家工程学院院士、科学院院士和美国艺术和科学学院院士。布雷曼（L. Breiman）则是被誉为对机器学习贡献最大的统计学家,而苏茨克维（I. Sutskever）等是在企业推动人工智能技术大踏步融入人们生活的代表人物。

有观点认为,科学革命绝非仅仅凭借一批史无前例的天才在彼时彼刻的横空出世就可以骤然发生,而与其他人全然无涉。它是某些可以辨认的力量和世代积累的产物,在寻找这一历史关键线索时我们首先必须从神话中排除所有伟大人物[31]。且不讨论此说是否全然为真,在天才人物之外,有着更多的优秀人物,他们或者交流其中,或者辅助其成,或者实现其事,难以敷列,但他们的贡献是切实的。以上只是尽量选择了有划时代思想、开创性理论或里程碑技术的代表人物。

1.6 典型系统

2016 年 1 月 28 日,英国《自然》杂志以封面文章形式报道[32]:谷歌旗下人工智能公司深灵(DeepMind)开发的 AlphaGo 以 5 比 0 的成绩战胜了卫冕欧洲冠军樊麾。AlphaGo 程序组合了深层神经网络和树搜索,深层神经网络用卷积层构造位置的表达,有效地减少了树的搜索深度和广度。程序用"价值网络"估算局面,用"策略网络"选择下子。训练深层神经网络的,是对人类专业棋局的监督学习以及对自弈(self-play)的再励学习的组合,后者提升了前者的性能。这次是计算机程序首次能在完整的和不让子的情况下击败专业选手——原以为 10 年后人工智能才能做到的事情。这同时表明,人工智能依赖于针对大脑的深入建模。当时笔者初得一联:

浅智漫行至地主,深灵速步成天惊①。

谷歌的自动驾驶研究比特斯拉早,它与下围棋程序哪个更难?机器目前尚无与人可对应的经验过程,机器学习所"学"的经验在过程和发挥作用方面与人在成长过程中积累的经验并不一样,它们对"计算"能力的依赖程度不同,但不是"简单"与否的问题。若将安全问题暂时放一边,几岁的小孩学开车从而到熟练驾驶,比学围棋而越过业余阶段要容易很多,那是个"技术活"。即便从小学围棋,到头来"入"段的颇少。70 年前电子计算机诞生,随后计算能力飞速提高,国际象棋程序到 20 世纪末才"称冠",而围棋程序到人工智能 60 周年一举"成名"。有趣的是,几乎所有这些突破都始于一些学术中心,并且都借助于工业界的资源使其成为现实。

与自动驾驶相比,哪个更难本身不是一个可"一言以蔽之"的问题,开车不存在"九段",熟练、不违规就行,但它们有共性,即模式识别,自动驾驶一

---

① 从**至少 4 万年**前开始出现的"智人"所具有的肤浅"智力"开始,经过不断演化,人类在漫长岁月中逐步成为大地之主,并企图模拟、复制自我;与人类进化相比,人类制造的机器快速地取得了石破天惊的成就。如果人工智能达到预期,其研究成果所跨越的是数十万年智人进化的进程。

定程度的突破要早于下围棋程序。若将算法比喻为"鱼",计算能力的提高是一个条件,但非决定性的,"大数据"则是"水",由此,人工智能才能"如鱼得水"。自动驾驶要到达高级水平很难,但从模式识别角度仔细分析,那不是识别不了的,只是程序设计事先未考虑到那个情景。可由此体会所谓的"难"与"易",连人都避免不了或难以做到的事情,或者说人的智能都不好应付的情景,不在人工智能的初衷范畴中。

比如问,华罗庚和他的学生陈景润哪位强?华罗庚的社会贡献、整体水平是中国第一,但陈景润的"1+2"的难度是中国学者所及最大的。怎么比呢?比如,王选的创新与产业是一旗帜,但就研究和学问言,吴文俊大。他们都是国家最高科技奖得主。他们是否可分别对应着自动驾驶与围棋程序?不过我们不能忽视如下情形。

- 与机器比,棋手在明里。棋手面对的是一个从未遇到过的"新手",而且是不同于对面而坐的人一样的"新手";
- 机器无感情,没有人因体力疲劳、心理波动而导致的情绪起伏、思维障碍,有经验的棋手面临如此情景,至少一开始是难以很好适从的;
- 但计算的力量(即所谓"算力")还是显而易见的,因为下围棋除了直觉、经验还依靠计算,这是机器的优势,"云计算"使机器有"群殴"之能。

在人工智能的发展历程中,不少名词是对应脑功能的,比如推理、学习、思维、认知等,也出现一些新的说法,比如类脑智能。讨论问题,厘清概念是首要的,前提是这些概念出于同样体系、居于同一范畴。假如出发点不同、对象有异,同时内涵不清、外延笼统,就没有比较的基础或缺乏共同的参照。人工智能与类脑智能,是同一目标的不同阶段,还是同一对象的不同侧面?类脑无疑是智能模拟的一种途径,所以前者不通;而这两者的交汇,表明它们并非不同视角所致。人工智能的初衷就是模拟大脑,让机器能像人脑那样工作。如果不区分其提出依据及与此前其他概念的相互关系,则在知识层面可能缺乏积极意义,而在应用环节则会引起不必要的争议。

人工智能有赖于对脑内思维机制的了解,是唯物主义,在不清楚大脑机理的前提下尝试,则是辩证法。认识论给我们从感觉、知觉到表象(心像)的基本概念,但我们需要这条线上更新的内插或外推的概念,从而可能从思辨、宏观逐步到达具体、微观的境地。而目前有关人脑的成果,或者如大脑皮层的功能定位过于宏观,难以形式化描述;或者如许多神经生理学的研究结果过于微观,时间和空间分辨率都不够,无法将微观结构与宏观结构过程之间的纽带了解清楚。

人工智能迄今为止的工作,只能针对大脑的各高级功能分别模拟,那是系统论、还原论和局部逆向工程的结合,即区分大脑的高级功能,然后分而治之,而每个模块都可借助于以神经元功能为基础的人工神经网络,尽管这种网络的规模或复杂性也许只相当于脊椎级、视觉皮层或低等动物等。

20世纪90年代,笔者读到的一篇文章指出"人工智能需要韧性",那会儿不明其背景和具体含义,大致理解是需要耐得住低落状况、准备长期探索,那期间人工神经网络"退热"。又十来年后,深层神经网络如前所述热起。那样的时间间隔和程度是否可反过来表征"韧性"不得而知,长期的努力则是使得其中部分问题被明确、困难得以被克服的前提。没有被清醒认识或达成共识的问题,尽管可能被冷落,也许有内在期待,而真正的持之以恒何其不易,资财、人力、导向缺一不可。

有趣的是,仿佛有这样一条人工智能的"定理":一旦某种思维的功能形成算法,人们就不再认为它是实际思维的基本组成部分了,而人工智能的核心任务总是指那些还未能形式化描述或编制成程序的部分。明斯基有人工智能途径"自顶向下"和"自底向上"之分,前者试图实现宏观上与人脑表现基本一致,但细节难以对应的模拟,如物理符号系统假设;后者构建一定量类似于人脑的细胞节点(神经元)及其相互联系的神经结构,如人工神经元网络。围棋软件重视强化学习,即着力模仿人类行为,从环境得到反馈,然而它还是以深层神经网络为基础,大语言模型跟随其后,或许可谓这递进的三个方面是新一代的行为主义、连接主义和符号主义。

 ## 1.7　规划五向

悠久岁月,星移斗转,日落月明,天长地久,人们按部就班生活,循规蹈矩工作,又推陈出新研究,异想天开思考。公元纪年步入21世纪,人类破解心智奥秘的愿望日益迫切。2013年初,欧盟和美国分别宣布投入巨资启动"人脑工程"和"推进创新神经技术脑研究计划",欧盟的工程旨在用巨型计算机模拟整个人脑,而美国的计划着眼于探索所有神经元、神经回路与大脑功能间的关系,这一计划也有助于加深对帕金森病等疾病的理解,并希望为探索心智奥秘的人工智能的进展铺砌道路。这只是人类的理想之一。2014 年,日本也启动了大型脑研究计划。10 年后欧盟计划结束,远远未达预期。

2017 年,国务院印发《新一代人工智能发展规划》(以下简称《规划》)。该规划牵头者潘云鹤院士指出:"人工智能经历了 60 多年的积淀,几经沉浮,特别是 2010 年以后,随着移动互联网、传感网、大数据、超级计算等新技术的发展,人工智能技术呈现出新变化:一是从人工知识表达到大数据驱动的知识学习与推理技术;二是从分类型处理多媒体数据迈向跨媒体认知、学习和推理的新水平;三是从追求'智能机器'到高水平的人机和脑机交互协同融合;四是从聚焦研究'个体智能'到基于互联网的群体智能;五是从拟人化的机器转向更加广阔智能的自主系统。这些重大变化使得人工智能发展进入新阶段。"[33]其中跨媒体智能,是潘云鹤院士在其综合推理思想基础上面向新时期媒体检索与分析提出的又一概念。

《规划》阐述的五个方向中,大数据智能自然依赖于异构、有冗余或未必一致和规模巨大的数据。社会上数据确然海量,然而依旧是一个个"孤岛",比如医疗数据,各家医院独自拥有而没能尽其用,静"躺"在那里占了存储空间,据说即便在一个医院内部也是如此。政府似乎有规定,甚至有专门项目,但实际效果有限。另一方面,人类早已步入信息社会,信息量与日俱增,所谓"信息爆炸"已是旧词陈酿。

大数据智能是社会现实和技术必然,不过并非智能本质,智能不一定依赖大数据,比如生活中的熟视无睹、习以为常;而人的学习、成长不都靠大数据,比如推理、演绎。

假如人看到的信息多了,并能去粗取精、拨云见日,信息就是力量,但若不善于透过现象作分析,就可能落得人云亦云、莫衷一是以致前后矛盾地步。从生活中的医患矛盾,到国际时局的风云变幻,始终有那么多"及时"而片面的新闻,人们易于简单下结论并有了思维定式,其实不少情况下凭生活经验和基本规律就不至于被随便左右。一件事的来龙去脉、左源右序、前因后果往往不简单,要做到洞若观火、明察秋毫谈何容易,仅凭数据则难免谁"声音"大就听谁的,不是"大音希声",而合乎逻辑的"声音"才是依据,才有价值。就如应试教育中所谓的"题海战术",一点不做题当然不行,但终究不是上策,若能灵活应用进而纲举目张则是更高境界。

人利用机器,机器辅助人,如钱学森致马希文的信中强调的"所谓智能机也只是人的助手而已"[34]。混合增强智能似与"人机结合"理念异曲同工,而可穿戴设备大大加强了原来仅指通用计算机的能力与范围,不同之处可能在于前者的目的是"增强",后者则是针对具体问题,它们都依赖于数据。自主智能是基础与核心。

社会性是智能产生与发挥作用的一个特点,在群体环境中,智能得以进化。群体智能于是成为必然的研究对象,其提出有其自然的脉络。博弈论是群体智能可参考的理论之一。生活中,比如有经验的司机脑中往往先反映出到达目的区域的一两条线路,获得结果的速度非常快,然后逐步细化目的区域的具体路线,这与机器通常的搜索并不相同。

陈霖院士指出:"人类视觉系统却具有轻而易举地在视觉过程的初期抽提大范围拓扑性质的功能,人类视觉系统对外界图像的知觉更像是首先从大范围性质出发的,先有图形的大范围性质,比如图形和背景的关系的知觉,然后才有图形局部性质的进一步的识别。"[35]计算的难度与人的视觉系统识别的难度是相反的,或者说是矛盾的。换言之,思维不是普通的计算,而是一种高阶的计算。"视觉判断的层次是从整体性开始,越整体的越在前;先拓扑,然后投影几何,而后仿生几何,最后才是欧几里得几何。但人的逻辑思维,以及数学发展却与此相反,拓扑是几何的最新发展。"[36]陈霖院士提出的关于视觉计算与拓扑结构和功能层次模型、认知和智力较之认知的计算理论可能存在基本区别的结论极富启发意义。我们当不能指望超越历史发展阶段和技术进步水平的"指导思想"。但如古代伟大的都江堰工程,李冰父子以火烧山,极大地提高了工效,这是智慧的体现,而没有要求特殊的技术手段。

我国学者还有许多有特色的探索。王守觉院士以半导体领域专家在晚年跨界提出高维仿生信息学理论,在院士中亦为难能可贵;周昌乐教授以理工科背景而其国学功底非普通专业学者可比,因此他也具备了研究非逻辑的禅宗辩证思维模拟等问题的独特优势;王飞跃教授的平行理论可谓人机结合思想的拓展和现实形式;周志华教授在机器学习领域的深度森林方法探索,超越了大多数机器学习的应用研究。

1.8 语言模型

2023 年岁末《自然》杂志年度十大人物揭晓的同时还有一位非人类上榜者，即美国人工智能公司 OpenAI 公司推出的"聊天"机器人软件 ChatGPT（Chat Generative Pretrained Transformer）。这个大语言模型在问世后独领风骚[1]。不少人工智能专家在自叹弗如之余指出其不足，比如仅靠数据或算力，每次训练费用巨大，回答出错，距人工智能目标还远，等等。这些评论有理而限于空泛或避实就虚。大语言模型本是一种探索，结果的出色不意味着它已跨越各个成长阶段。

有的讨论本身是伪命题，比如说先列出"ChatGPT 无所不知、无所不能"的话题或"靶子"，然后批评之。问题在于，其开发者或推出者并没如此表示。

这样的模型是否意味着常识问题可迎刃而解，或被包含在其演化过程中了？ChatGPT 本是学习后的结果，它能回答各类问题，如专家那样拥有丰富的经验知识，而那些知识是否涵盖各类常识，答案可以来自直接测试或基本分析，后者的结论依赖于其自身是否有积累经验的能力，就学习素材言，它学到的都是现成内容。是否有形成隐性知识的学习机制则是一个有待进一步观察的问题。

比如中医，既有信息驳杂。人工智能所需数据应是标注过的，那才便于学习；或者是不需要标注但是自身可被学习，如一篇合乎文法的文章中句子间的逻辑关系和先后次序，而中医知识要么如其经典《黄帝内经》等主要是思想性的，要么是各流派的观念互相不一、矛盾不少，所以，数据的丰富和知识的精化是首要任务，而医学尤其是中医学习本身仅靠书本知识远远不够[2]。

有人指出不可解释性方面的缺陷，其实这是迄今为止人工神经网络共

---

① ChatGPT 往往被与通用人工智能混谈，其实距离还远。

② 某日见一篇关于"机器化学家"的文章，文中介绍如果依赖传统研究范式，这一过程可能需要 1 400 年，而"机器化学家"发挥数据驱动和智能优化的优势等，仅需要 5 周时间。且不说"范式"之类用词是否适当，时间差距如此悬殊，意味着若没有机器，人在这方面工作根本没法做，或者说这方向以前只能放一边。我即请教化学教授：时间差距是否被夸大，或两者不是指同样目标？回答是肯定的。认为只要有数据什么问题都可解决的想法则过于简单化了。

性特点。神经网络一直是"黑匣子"，原来简单的神经网络也一样，现在层次多了，更是如此。那不妨碍人工智能的应用，就如中医的物理机理不明，但没有理由就此否定其一定方面的效果。

另还有观点认为既然现在能够模拟海量神经元间的网络互联，于是就可以尝试解释其表征的神经活动内部过程。规模本身并不自然地意味着无数"水滴"间的微观相互作用、局部变换趋势的显式理解，就如一个万人会议上，每个人的位置、总人数是明确的，而他们间的互相影响是不确定的，他们也许静坐聆听，也许一起鼓掌，在万有引力以外，他们的表情与动作如何互为因果，他们的心灵如何"感应"，均无法把握。客观的解释尚待未来研究成果，就如临床上已普及的磁共振成像检查，背后是获诺贝尔奖的理论支撑。即便是映像逻辑思维过程的推理规则，也不见得完全对应人类的决策过程（物理符号系统假设中的"假设"隐含此意），因为那些规则可能是粗略的，也可能是概略的，前者指欠精确，后者指不够具体。人工智能的可解释性探索不限于连接主义之人工神经网络。

对于ChatGPT生成的以第一人称写的标题为"我为什么写《哥德尔、埃舍尔、巴赫：一条永恒的金带》"，该书作者霍夫斯塔特指出，这篇散文与其写作风格几乎没有任何共同之处，而且它所说的内容与这本书起源的实际故事完全不符。尽管不熟悉作者写作的人可能会认为这种浮夸与谦逊的甜蜜混合体是真实的，但他认为，它与其真实声音、与书中的真实故事相距甚远，以至于它是可笑的[①]。要输出融文史知识、个人阅历、视觉感受、审美偏好和思维灵感于一体的文字依然不易。不过，总体而言，该书中给出的智能特征，ChatGPT已有相当程度的呈现[37]：

- 对于情景有很灵活的反应；
- 充分利用机遇；
- 弄懂含糊不清或彼此矛盾的信息；

---

① 一学长的孩子，从小在美国长大，对历史颇感兴趣，高中期间的一个暑期到中国探亲，专门到我们实验室待了两周，后来大学读了美国名校的计算机系，研究生还是选了历史专业。他的兴趣与受教育经历，会使他今后的历史研究更有后劲。这个例子，丝毫没有减弱大学读文科的意义，而在于如何读。阅读本是文科的基本要求，暂且不议学生们是否做到，有人认为人工智能时代，本来需要记忆的知识在互联网上都信手可得，因此阅读的意义弱化了，那是误解或臆想。这位博士生的学位论文，当非ChatGPT可为，他专门到档案馆搜集然后梳理的资料就非网络搜索可得。

- 认识到一个情景中什么是重要的因素,什么是次要的;
- 在存在差异的情景之间能发现它们的相似处;
- 从那些由相似之处联系在一起的事物中找出差别;
- 用旧的概念综合出新的概念,把它们用新的方法组合起来,提出全新的概念。

......

大语言模型带给我们的启示良多,比如无论算力、数据还是人工神经网络结构,均可谓量变引起质变;不管乐观与否,达到人工智能目前程度的途径并非人们预设;物质与意识的关系,依然难以具体刻画,但也许意识并非如我们想象的纯粹的"精神"活动[①]。

人工智能迄今为止的历程粗略概括如上,以登山为例,此举大致原因有三。第一,中途累了,离登顶尚遥远,暂时歇一会儿,难免回头望望已走过的路在哪里,走了多长,有多少弯路;第二,目前的位置,是否适于作为下一步登途的起点,可以直接再往上攀,抑或需要琢磨一下从何处起步更合适;第三,既然已经走了一段,我们的选择就不同于在山脚下时那样不知深浅、意气风发。这些无非就是"以史为鉴"。

1.9 本章概要

人工智能各个学派、不同思想指导下实际系统的若干里程碑如图 1-1 示意。

- 人工智能的发展由杰出思想奠基、乐观预期开篇和曲折发展贯穿,成果非凡,也许当下依旧"乐观";
- 三大学派是对以往工作的认识与总结,系统论、还原论以至逆向工程是较为笼统之说,期待良好的方法论;
- 预先规划是人类经验总结,也是很多事业正确前行的保障,然而人工智能的发展似乎难以循此突破。

---

① 徐冬溶教授告知,某晚他做了个很奇怪的梦,梦见 ChatGPT 学习了浩瀚的知识之后就自然进化出意识来了,于是觉得物质和意识可能没有根本区别,半夜醒来吃了一惊。他小时候练气功时,师傅教大家一招一式比画,然后心中念想,当时觉得那怎能练成,因缺乏合理解释,后来他想法有所改变,认为也许那是可能的,因为即使到目前为止,意识产生的机理还是个谜。因此类推 ChatGPT 也可能会"产生"意识。

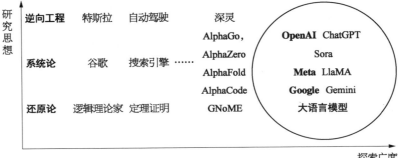

图 1-1　人工智能里程碑：一方面，先是定理证明（不需与环境交互），接着是搜索引擎面对的知识（信息）量陡然猛增，尽管交互内容很简单，只是一个词或一句话，再到自动驾驶（开放环境），然后是围棋程序（依赖于对两者交互后的棋局的判断），以致蛋白质结构预测、大量新材料结构的发现。另一方面，迅猛迭代的大语言模型，既有广泛的知识，又处于动态的开放环境当中，对话流畅、能力出众，进而是能够根据提示词模拟真实世界的 Sora（文生视频），其进一步的呈现与发展为世人所热切期待。

后续两章在人工智能背景下讨论思维科学与知识学习话题。

> 路当平处能持重，势到穷时妙转移。
> 只惜功多人不见，艰难惟有后人知。
>
> ——俞樾《舟中三君子诗·舵》

参考文献

［1］白立献,陈陪站.于右任书法精选.郑州：河南美术出版社,2008：20.

［2］司马贺.人工科学：复杂性面面观.武夷山,译.上海：上海科学技术出版社,2004：160.

［3］艾芙·居里.居里夫人传.左明彻,译,林光,校.北京：商务印书馆,1984：98.

［4］李泽厚,刘绪源.该中国哲学登场了？——李泽厚 2010 年谈话录.上海：上海译文出版社,2011：48～50.

［5］杨伯峻.列子集释.北京：中华书局,1979：179～182.

［6］江东伟.芙蓉镜寓言(下).长沙：岳麓书社,2005：52.

［7］王选.王选文集.北京：北京大学出版社,1997：151.

［8］路甬祥.百年科技话创新.武汉：湖北教育出版社,2001：88.

［9］雷·库兹韦尔.人工智能的未来.盛杨燕,译.杭州：浙江人民出版社,2016：174,

180～181,137～142.

[10] Lenat D B. Automated theory formation in mathematics//proceedings of the 5th International Joint Conference on Artificial Intelligence-Volume 2. San Francisco：Morgan Kaufmann，1977：833～842.

[11] Schmidt M，Lipson H. Distilling free-form natural laws from experimental data. Science，2009，324：81～85.

[12] John von N. The computer and the brain(Second Edition). New Haren：Yale University Press，2000：Preface.

[13] 王浩.哥德尔.康宏逵,译.上海：上海译文出版社,2002：162,211.

[14] 安德鲁·霍奇斯.艾伦·图灵传.孙天齐,译.长沙：湖南科学技术出版社,2012：263～264，277.

[15] Turing A M. Computing machinery and intelligence//Boden Margaret A. eds. The philosophy of artificial intelligence. Oxford：Oxford University Press，1990：40～66.

[16] Copeland B J，Proudfoot D. Artificial intelligence：history，foundations，and philosophical issues//Paul T. Philosophy of psychology and cognitive science. Elsevier，2007：429～469.

[17] 赫尔伯特·A·西蒙.我生活中的种种模式——赫尔伯特·A·西蒙自传.曹南燕，秦裕林,译.上海：东方出版中心,1998：245～270,470.

[18] 艾萨克·阿西莫夫.宇宙秘密——阿西莫夫谈科学.吴虹桥,译.上海：上海科技教育出版社,2009：373.

[19] Russell S，Norvig P.人工智能——一种现代方法(英文版).北京：人民邮电出版社，2002：20.

[20] Dreyfus H L，Dreyfus S E. Making a mind versus modelling the brain：artificial intelligence back at a branchpoint//Boden M A. eds. The philosophy of artificial intelligence. Oxford：Oxford University Press，1990：309～333.

[21] 陈祖德.超越自我.北京：中华书局,2009：263～264.

[22] 彭爱华.曾国藩楹联嘉言.长沙：湖南人民出版社,2009：170.

[23] C. 柏纳帝.突破.许步曾,张治,周少明,译.上海：知识出版社,1983：223.

[24] Feigenbaum E A. The art of artificial intelligence：themes and case studies in knowledge engineering//proceedings of the 5th International Joint Conference on Artificial Intelligence-Volume 2. San Francisco：Morgan Kaufmann Publishers Inc.，1977：1014～1029.

[25] 高新民,储昭华.心灵哲学.北京：商务印书馆,2002：562.

[26] http://www.cyc.com/cyc/technology/whatiscyc_dir/whatsincyc.

[27] 哈里·亨德森.人工智能——大脑的镜子.侯然,译.上海:上海科学技术文献出版社,2011:88.

[28] 戴汝为.系统学与中医药创新发展.北京:科学出版社,2008:72.

[29] Preece A, et al. AI's hall of fame. IEEE Intelligent Systems, 2011, 26(4):5～15.

[30] 雷·库兹韦尔.机器之心.胡晓姣,张温卓玛,吴纯洁,译.北京:中信出版社,2016:87～88.

[31] D. 普赖斯.巴比伦以来的科学.任元彪,译.石家庄:河北科学技术出版社,2002:125.

[32] Silver D, Huang A, Maddison C J, et al. Mastering the game of Go with deep neural networks and tree search. Nature, 2016, 529:484～489.

[33] 潘云鹤.人工智能迈向 2.0 时代.张江科技评论,2017,4:1.

[34] 涂元季,李明,顾吉环.钱学森书信(4).北京:国防工业出版社,2007:241.

[35] 陈霖.拓扑性质检测——计算理论一朵可能的乌云//钱学森.关于思维科学.上海:上海人民出版社,1986:250～301.

[36] 涂元季,李明,顾吉环.钱学森书信(2).北京:国防工业出版社,2007:11.

[37] 侯世达.哥德尔　艾舍尔　巴赫——集异璧之大成.北京:商务印书馆,1997:34.

2

思维过程扑朔迷离

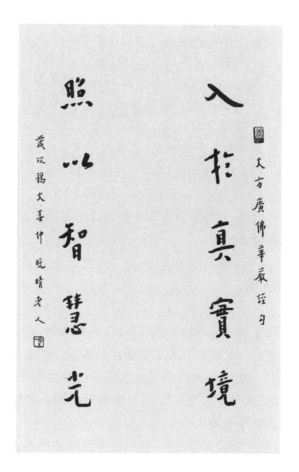

大方广佛《华严经》句

入于真实境,照以智慧光。

岁次鹑火春仲　晚晴老人[1]

比如一个学生与一位大科学家在一起讨论问题,学生觉得这个问题没有线索,不清楚。但是科学家说很清楚。然后,学生去仔细分析一下,做一做实验,证明科学家是对的。为什么学生看不出所以然来,而老师一下子看到了?如果我是学生,就要问老师怎么回事。老师的回答是说不清楚,你好好学,将来有经验了,知识丰富了,你也可以做到这一点。这就是说,它不是科学,而是经验的积累,这是形象思维的一部分,或者是形象思维在科学里面的直感,也是我们常常说的,这个人看到了问题的核心[2]。

——钱学森

九州雨雪心灵远,一阵风雷天地宽①。

人工智能的核心是思维模拟,思维指人脑对于客观世界的能动的、积极的反映,具有概括性和间接性特点,前者针对事物本质、对象共性及其普遍性,比如自然之巧、苍天之阔、智慧之奥;后者指通过一定的媒介或环节而发生作用或得到反馈,比如人们试图借助计算机及其算法模拟生命起源的各种条件与过程,分析宇宙射线和星际物质。不同对象和背景,不同视角和方式,会导致不同结果和结论。思维过程反映了人们看问题的习惯、对待事物的态度以及关于世界的立场,不同的思维特征增加了模拟的困难。

2.1　事实逻辑

探索过程中的悲观情绪不利于梳理方法、解决问题,盲目乐观则导致轻视困难而非加速进程。可喜的是人工智能在不到"古稀"之年一次次超出预期,时过境迁,则如一年年除夕的欢聚过后依旧的冬去春来、云卷云舒。或许未来某日全然开朗,抑或其境长时期可望而不可即。逻辑在给人清晰思路的同时也会令人束手无策。

罗素提出过一个"理发师悖论":有一位理发师说他将为居住地所有不

---

① 某日笔者早上醒来脑中前所未有地冒出一句:一阵风雷天地宽,其实是在完全醒前的一刹那,常言日有所思、夜有所想,从而梦有所得,然而笔者无任何"蛛丝马迹",尤感意外。由于恰好可以作为下联(按照平仄要求),于是琢磨上联。早餐后走在上班路上,可能是我国各地目前普降瑞雪的缘故,得:九州雨雪心灵远。并不平凡地得了平凡之语。

给自己刮脸的人刮脸,也只给这些人刮脸。来找他刮脸的人络绎不绝。有一天,这位理发师在镜中看到自己的胡子长了,他能否给自己刮脸呢? 如果他不给自己刮脸,他就属于"不给自己刮脸的人",按前所述,他就要给自己刮脸;如果他给自己刮脸,他又属于"给自己刮脸的人",他就不该给自己刮脸。理发师左右为难、无从着手。

我国古代有个故事:东方朔偷喝汉武帝派人弄来的君山不老酒,于是令武帝大怒而欲斩之。东方朔说:"陛下杀臣,臣亦不死;臣死,酒亦不验。"①类似理发师悖论而不及其严谨,"不死"指不会自然而然死去还是不能被杀死? 其实生活中例子不少。

比如关于其传记,金庸表示:"人家写的传记不对,全部是假的,我可以肯定地讲一句,完全没有一个人来跟我谈过。我自己不写自传。写自己的事情,有好的,有坏的,坏的事情自己不大会写的,一本书全部讲我自己好的,那本书就是假的。"[3]尽管"假"是金庸针对他自己的传记而言的,也可以推及其他:

如果作者没有与传主谈过,按照第一句话,那传记是"假的",或许是二三手资料外加臆测、渲染,结果可想而知;

如果作者与传主交流过,也就是说采用过传主的说法,而传主不讲自己不好的,按照第三句话,也是"假的";

于此只有一种例外,那就是传主说了自己不好的,但我们在传记中难见传主之坏。因此,只有有"坏"的传记才可能不是"假的";

于是又有了"悖论":就笔者看到的传记而言,讲传主之"坏"的传记作者不会与传主谈过(比如写袁世凯),这又回到了第一句话。

有的传记拼凑或草草而成,有的一味正面陈词,有的素材真实性存疑,还有的是重复的。顾颉刚说幼年时看书虽常生怀疑,但总以为是经过前代学者认定的,不致有大错,其实近代的史籍、近人的传记莫不和古史古书一样糊涂,比如,夏代的年数就有六个之多。[4]可知相当比例的传记不看也罢。

人们自然而然会觉得"身在其中",比如亲历过某事、亲见过某人,就能知道得更真切、更翔实;世人看风景,再美、再多的风光照片与身临其境的体验不可同日而语。即便互联网时代,渠道畅通了,就像水管粗了,但水不一

---

① 见罗大经的《鹤林玉露》,《史记·滑稽列传》中的东方塑传未载。

定更清。

笔者从 20 世纪 90 年代初开始阅读人工智能书籍，直接印象那是推理，即属于逻辑范畴的思维过程的计算机程序实现，几年后看人工神经网络著作，并知道不同以往理解的机器学习概念，后来见博弈论论文，逐步明晰人工智能是对脑内机制的机器模拟的企图，但如造飞机依赖于空气动力学，应有方法指导或理论支撑。假设具备前提，要超过同样成长的人类，就如人没法通过抓自己的头发将自己"拎"离地面，逻辑上难以自洽，而事实上人类自身也在成长。直到第二次阅读王浩的《哥德尔》，注意到他的推测："我觉得，根据人们今天的信念，正如在不久以前的地质年代出现了人，预料在相当遥远的未来将要出现更高的智能才是比较合乎理性的。"[5]且不言"相当遥远"的尺度，这里"更高的智能"的载体是人还是机器？人工智能若仅靠人类设计后"哺育"其成长，则至多等完全搞清脑结构及其机理后造出与人脑一样的"人脑"（人工脑），超越不了人类。若它能够自我"发育""进化"，理论上情况会有根本变化。以牛顿第二定律为参照，设 $F_1 = m_1 a_1$，$F_2 = m_2 a_2$，m_1 和 m_2 分别对应人脑和根据脑神经结构设计的人工神经网络，a_1 和 a_2 分别是人脑和人工神经网络的进化加速度，若 m_1 不弱于或强于 m_2（目前实际状况），但 a_2 大于 a_1，则将来某时 F_2 就可能大于 F_1。不过若求质变，既有基础、生存环境和时间积累缺一不可。这里的"基础"指类脑的结构，未必以对大脑机制的完整理解为前提，然复杂性相当，因而非短期可达。

于此进化论可做参考，"适者生存"是达尔文思索、考察的总结，人类进化事先并无指导原则。当下，实践走在前面。人工智能是技术或工具，本身不是科学（当然可以为科学服务），就人类而言其意义更大程度上在于辅助日常工作或解决棘手问题，当下离"成人"还远，一个人只会做题显然不合培养目标，融入生活才是根本。尽管成熟还是成长（初级）阶段划分可能各有所见，以下几点可以明确：

第一，人工智能在仿生基础、理论方法和系统呈现方面依然有众多未知与缺陷（假设前述 a_2 目前还不够大），这至少是本世纪中叶人工智能百年前的境况。

第二，大语言模型针对的是语言及其思维功能，是人类智能的一个方面，比如有一语言天赋极佳的小孩，即便她可以演"脱口秀"，但能否独立解决需要专门知识的问题或具备系统设计能力是另外回事，理解力、概括力、执行力都重要,那以丰富的知识与数据为前提。

第三,如中医脉象体征感知与分类,没有脉象数据难以为继,即便有了足够规模的数据,大语言模型也没法立即出结果,因那是建立在具体分类方法基础上的,没有学习方法或清晰的诊断规则集,计算机束手无策。人工智能在书法创作模拟方面也类似,创作的输出控制还缺乏细节依据。

人工智能未来应能自主面对各类任务(环境适应),进而定义任务(需求凝练),并评估任务(价值判断)。无疑近年人工智能进展飞速,但智能模拟的当下轨迹是"渐近线"还是又一次"抛物线",目前尚不明朗,尽管有不少权威有大胆或谨慎的预言。

2.2　决策优化

有一次,笔者与以前的同事一起从外地回上海——原定如此,因此临行前想到过是否预购从上海到苏州的火车票,因为飞机场、火车站均在虹桥交通枢纽中心——若不是这样,按照个人习惯不会考虑事先购票。实际上飞机晚点似乎是"常态",最后笔者还是没提前购票、以备不测。果然,由于台风可能经过的原因,飞机延误一个多小时,没法赶上到苏州的最后一班高铁列车,于是那晚住在上海。这是经验导致的选择。尽管这个选择只有两种情形,但生活中不乏类似可能的被动。

另一次,笔者在南京办完事根据距离选择经天津去秦皇岛,这看起来比到北京后再过去要近些,于是在车站买了去天津的高铁车票,到天津西站——比其早约一个小时的高铁列车是到离目的地相对较近的天津南站但没票了。进站后提前上了到天津南站的车找了个空位置坐下,列车员走过时与其说明了原委,他说没座位,笔者意来了人让,其实坐了近3个小时那个座位才上客。该次列车正点到天津南站是9点。笔者想10点从天津站出发的火车应该能赶上。不料高铁列车照样晚点,延了约一刻钟。据出租司机说从天津南站到天津站有四十多公里路程,而天津西站到天津站的距离才几公里。司机尽快赶到天津站后,因来不及取票就径直进去,火车晚点尚未检票。到检票口,笔者想凭身份证进,检票员说非高铁动车不可(当时规定),这与一般理解和印象不一,于是问取票还来得及吗?回答说来不及了,最后他们还是让进,说要另外买票。到了补票席说明情况,列车员查身份证,反复看订票短信,说查不到完整信息,等了好久,列车员还记下了若干行内容,说可以证明订过票、到站时要陪着下车与站台交接。没明白此事为何如此复杂,列车员的认真也非以前所见。

这么一段几个小时内发生的情况告诉我们,不能忽视必要的分析与综合。比如,从北京走要远一些,但可选择的车要多不少;天津的几个火车站间的距离应预先了解,不能想当然;"凭身份证直接上车"不能含糊其事。否则,会招致不少麻烦而非自己预期的那样——得善于主动总结经验,否则便会增加不便。

又如,在过去相当长的一段时间里,杭州和苏州两个与天堂媲美的城市间的交通工具主要是轮船,笔者第一次去杭州是在高一暑假,坐了一夜轮船,那时有火车、汽车,但通常首选是京杭大运河上的船,尽管那时河水黑而臭;后来,公路逐步提高了质量,坐长途汽车的旅客多了起来,乘火车要绕道上海。笔者在杭州学习期间,多数情况下是坐汽车在苏州和杭州间来回。随着火车的提速,铁路也方便了起来,后来有了高铁,选择火车就是普遍情况了。这是三选一的生活经验,是生活中不难的事。

更早先,笔者小时候有次在无锡江阴大舅舅家,下雪了,因知道各地情况会不同,就问苏州是否下雪?他想了会说:不下。后来,笔者回苏州见到母亲,问那时是否下雪,母亲说下的。问那个问题,是因为知道了一点常识,舅舅那样回答,是凭经验两地天气不尽相同并非必然,据此的决策或想法会有误。经验有待积累、归纳、分析、精化,使其合乎逻辑。

有次参会,会议室桌上有矿泉水和茶水,由于笔者喝茶会影响晚上休息,按以往的经验多数情况下要延迟两小时左右才能入眠,而水是必需的,所以总是选择喝水。但一瓶水喝完了,会议到了午间,因有点口渴还是顺手喝了茶,此前服务员多次过来要加茶笔者都示意不必,因为那会一口没喝。人的决策和选择往往有多个目标约束,笔者"明知故犯"了,难以道清其中的原委。

某日上班到站台,平时乘的公交车似乎刚过,下一班还有不少站,又是下雪天,于是犹豫中笔者上了另一路公交车拟接续而去办公室,不料因想问题未及时下车,询问司机后在一个站下,已是反向三站了,后面转了三辆车才到。尽管由于天气及频繁的堵车情况,我乘日常那路车估计也会晚些时间,笔者还是觉得这类日常小事的决策并不简单明了,那是一个日常习惯、临时选择及交通路况综合作用的结果。

最初的人工智能是想利用计算机模拟人类的演绎能力，比如通过一系列的选择使得解题过程比依靠记忆来得简捷，而不仅仅想证实计算机如何能解决困难问题。然而，人工智能的困境让人不得不反思归纳的重要性及其不可替代性。

2.3 预测归纳

一次笔者应邀到甲骨文发源地安阳参会报告书法创作模拟方面的工作，有位甲骨文研究者在介绍相关知识时，说到占卜。笔者问，《周易》也源于安阳[文王拘（于羑里）而演《周易》]，甲骨文和周易占卜有何关系和不同？回答说那是很专业的一个问题，但未直面说明。历史上，甲骨文和《周易》都关联着同一个地方，即古都安阳，也都涉及一件事情，即占卜或算卦。这类行为所表现的思维过程是可以探究的，抑或通过现代科技手段可以证伪之。比如，"八字算卦"除了利用其时间段，还依赖其他什么信息？其"推演"过程是怎样一步步递进的？经验知识是如何被利用的？这些也都是人工智能面对的话题，对于我们很好地理解形象思维机制定有一定程度的帮助或启迪。其结果纵是偶然"有准"，但在多数情况下莫衷一是，因而没有说服力[①]。这件事与中医似乎有一些共同之处：

第一，是中国传统文化发展过程中的一种与生命相关的现象；

第二，与迄今为止的科学不合；

第三，思维机理或内部过程不明；

第四，缺乏统计意义下的实验与分析；

第五，容易被归为"伪科学"。

中医有其效果和手段，而算卦似乎无从谈起。然而，放开眼界、更换视

---

① 大概 1989 年，在浙江富春江畔，一位老先生主动为笔者"算命"，后来我们有通信交流（没谈过任何"算命"的事）直到再没收到老先生的信。若干年后，朋友说起有位年长的盲人"算命先生"，不同一般。颇好奇，一起前往拜访。每次老先生都经过一定时间思考而认真阐说。笔者对仅凭生辰八字这个时间信息就能"算命"的过程不以为然，世界上在同一时辰（两小时）里出生者众多，这些人的生活道路并不一样，即使双胞胎的生活轨迹也往往不同，当他他（她）们可能不在同一时辰出生（在连续的两个时辰中）。后来与友人说起，他们似乎很想预测一下自己的未来，专门从外地到苏州请老先生算命。笔者不清楚算过命的各位对结果的完整看法，不过似是而非者颇多是毋庸置疑的。朋友曾说起是否可以编写出软件，使其过程"自动化"。后来笔者买过一些书籍，包括《星命集成》等，但它们文义玄奥，因没有任何经验和背景知识而不了了之。对于某种应用，如果开发者既是领域专家又是程序设计员，情况会有不同。

点,是否可以像"中医现代化"一样探究一下与预测相联系的算卦本身？就如原始思维幼稚、粗疏,但它不仅是研究的对象,还创造了甲骨文本身。

甲骨占卜的过程还未有一致的表述,易经算卦尽管过程看起来复杂,实际上其结果也就是8种、64种或324种等有限种类。可能甲骨占卜是源头,易经算卦是符号化和系统化的工作,而八字预测是后来的一种具体形式。这类事若有一定的合理性,则应该是建立在大量统计数据基础之上的。由随处可见的模棱两可,反过来可知目前所谓的算卦的不可细究之根基了。

笔者曾电话请教一位据云是工科背景的计算机算卦研发者。

问：同一时辰出生者是否结论一样？

答：那是大的趋势和表现,朱元璋手下的刘伯温曾寻找与朱元璋同一时辰的出生者,是一养蜜蜂的,从统治和管理角度看是类似的。他们目前有10万个案例。

问：从统计学出发,有对某一情形的足够的样本不？

答：干那事要见多识广,要结合具体的历史和社会环境。

问：当下和一个60年前出生的人在他们看来有何区别？

答：那时刚"解放",生活条件较差等。

问：那是在中国,欧美呢？

答：所以要有广博的知识。

问：你们基本的依据是什么？

答：都是前人留下的,但没有哪本书完整给出具体过程,计算机程序也只是一个基本内核,其余的靠当场诉说,比如结合人的长相等。

问：盲人看不到吧？

答：盲人的其他感官更灵,很容易知晓。只要理解了16个字就好：太极八卦,阴阳五行,天干地支,河图洛书。比如计算机的"0"和"1"的表示,"阴"和"阳"的内涵比之要丰富得多。

那确实是中国传统文化的精深内容,但有的众说纷纭,有的不知所云,谈对它们的全面理会同样似是而非,什么都能装的瓶,适用面是广了,掺杂和附会的空间也随之不断扩大。再者,"八字"里不含地域信息,而很多有成就者出生在贫困地区,他们的人生比出生在城市或富裕地区者出彩。

上述的软件系据说能分出100万种情形,从人的大类来看,也可说是一种归纳结果,但被归为一类的人确实一样吗？他说他们也努力找,但要找到同类的做分析很难。实际上,信息技术发展到如今,根据户籍资料等进行统计分析已经可能。他不时会显出一种企图说服人的口气,而笔者的初衷并非是与其明确是非,只是对其推演过程所表现出的思维特征有兴趣,主要想知道他们是如何利用自己的经验和阅历的,但他没有给出具体解释。看来,他们说不清,这个过程可使得我们进一步清楚地知晓其"漏洞",基本结论是:

第一,那是一种长期以来形成的思维内容,无论过程还是方式是否有某种程度的可靠依据不得而知;

第二,形成现有的一套所谓的经验知识颇为不易,听起来不比现在的科学实验和科技论文的造假简单;

第三,由于需要经验和不断地归纳出一些"结论",得有一定的形象思维和推理能力;

第四,不会全是糟粕而一无是处,就如同"风水"与地理、气候状况有关而不是全无道理一样,或可得到一点启发;

第五,只要有一定数量的包括详细信息的案例,则可以进行更大范围的统计分析。

在各种"场景"面前,需要以辩证的思维方式对待之,首先要有基本的观念和"定力",否则就会"信之则灵"了。

理性思维与经验思维,作为人类思维发生作用及其进步的两个方面,在从柏拉图到笛卡尔、斯宾诺莎、莱布尼茨等至今两千多年的发展中,呈现出自成体系又相互交叉的脉络。由宏观而言的东方文化和西方文化两者的特点和历史可见,理性主义在与经验主义作用交替的道路上,逐步成为占据当今科技、文化主导地位的思维形态,并切实影响和支撑了生机蓬勃的现代文明,而同样有逻辑(形式逻辑)苗头的中国传统文化孕育了时而被忽视的东方思维的主要形态,由于其与理性思维的"分道扬镳",又导致中国整体上科技的落后,以致有了"李约瑟难题",即直到中世纪中国还比欧洲先进,而近代科学和科学革命却发生在欧洲这一历史现象。这是众多仁人志士关心、热议的话题,包括这个话题本身,一直有人"各抒己见"。既然中国传统思维有其自身的方式、机制和现实效应,当然没有理由漠然视之。诚然,如有些文化名人所言,21世纪将是东方文化的时代、东方思维将大放异彩等。这些预言似乎更大程度上是一种富有感情色彩的期待,至少难以获得这样的逻辑推论。中国传统文化,儒教、道家、禅宗,或儒道释交融,均未引导出现代科技的领先之步,而别的民族也在不断进步和发展。还有艺术工作者说,越是传统的,就越(会)是现代的,这未免太有"艺术家"色彩,这么绝对的结论显然与西方的理性思维所要求的实证、推演格格不入,这也是东方文化弱点的一种体现。

预测首先依赖于大量的历史数据,那不仅是数据也是经验,如果没有足够的数据供学习,预测将可能是空想或者胡言。实际预测前,需要取所获得的数据的一部分训练模型,而剩下的数据用于测试。但它们间的比例多少合适,既依赖于经验,还需要通过测试调整。因此,整个过程也离不开经验[①]。

预测作为思维的一种形式,有不同的可研究侧面,比如网络路由资源的分配。假定用户间存在对网络资源的竞争,通常假定用户和资源供应者独立优化各自的效用函数,从而使资源分配达到某一均衡解。由于业务需求到来的随机性和处理的延时,使决策的做出在采样间隔内落后于采样时刻,导致它们均是准实时的,从而影响准确性和灵敏度;同时,被接受的业务将在"未来"的一段时间内保持并占有资源。所以,良好的决策应考虑:资源的使用(或业务)将受到的以及将产生的影响。也就是说,决策依据的网络情况应超前于采样时刻,即应进行预测。笔者因而给出"预测—决策"网络路由资源智能分配策略[6]:将网络映象成一个多智能体系统,每个结点含一个智能体。通过对网络负荷的时间序列分析进行预测,把握网络的负荷趋势。若同一时刻的请求多于现有资源,则作进一步决策。在实际电信网数据上进行了分析与比较。

那以后笔者才开始用移动电话,比较晚(没用过寻呼机),原来总觉得移动电话有辐射,于身体有害,可用了以后就觉得离不开它了。假如能开车,就像有移动电话一样,会方便得多,这是类比和演绎。道路上新车很多,不管是私家车,还是公务车,只要是新的,坐上就能闻到异味,由此可归纳,目前我国出售的普通车,车内环保方面的指标估计有问题。公交车上,时常有乘客向驾驶员询问是否能到某地、如何转车到达目的地,驾驶员通常都能给出有益建议,由此可推测,驾驶员上岗前对相关交通信息要有所了解,在这个过程中,他们自己也不断熟悉各种情况,这结论又是演绎了。日常生活中靠归纳的机会也不多,演绎能力极为独特,稍不留神就会以偏概全。笔记小说《北梦

---

① 足球迷、"棋圣"聂卫平曾说,他有一瓶胡耀邦送的好酒,等到为中国足球庆功时开。20 世纪 90 年代前叶,笔者对朋友说中国足球本世纪无望。这个说法现在看来过于保守,它来自过去的基本情况,难以说出具体的"计算"依据。

琐言》中有一个故事,说有一条三丈长的白蛇盘在树枝上,垂头而歇,有一褐土色蛤蟆状的如盘之物四足而跳,至蛇下仰视,蛇垂头而死。此前有动物为蛇所吞,如蛤蟆,坠而致死。于是感叹,"凡毒物必有能制者,殆天意也。"[7]云云。这样的大跨度推理缺乏足够的样本而过于粗陋,于逻辑相去远了。

2.4　记忆搜索

疫情期间某个周末笔者用完早餐照例去医院看父母,走到离所住小区次近(但是是医院近方向)的公交站,见指示牌还有三站,笔者依习惯再走往下一站,到站时车辆将进站,忽然发觉口罩不在口袋里,附近路旁没店,迟疑数秒只得回家取。从家里出来后还是一样,多走了一站。通常说脑子好不好使指逻辑推理、空间想象等能力,其实记忆力也是天赋之一,那不仅有助于专业知识积累与精化,还是减少日常生活重复并使之高效的前提。笔者只得以被动多了一点走路的锻炼"驱散"记性不好的无奈。"不如意事常八九",能有走路锻炼的"补偿"已是难得。

某日笔者准备取隔日晚上拿出的几件此前所购书画作品送装裱,书桌上没见,觉得意外,于是在可能的地方寻找,反复两次均未果,只能作罢,只怪自己记性益弱。出门前忽想到可能在同样是隔日晚理出的几个画框间,果然在其中一个的夹板和玻璃间,是当时收拾时没留意取出所致。这事看似是"顿悟"之果,无疑受了记忆中类似情况启发,比如同样是找不见某物,后来在某处"得来全不费工夫"。记忆又难免受各种干扰,有一次在南京出租车上司机说起金陵饭店:

我:那是 20 世纪 70 年代末的事情了。

司机:80 年代。

我:似乎不到 80 年代。

司机:上中学那会,记得的。

想着他是南京人,又有明确的参考"点",就认可其说。回后有一天忽然想起,查了一下,是 70 年代末开工,落成则是几年后的 80 年代初了,估计司机所指即是,已过去超过 40 年。笔者印象很深的是打桩的情景,因为是高楼,桩打得深、声音巨响,那时候是特别所见。

有次去一处与友人见面,地点在两路相交处,位置不确定,与司机说了目的地,到附近司机说不清楚具体方向,便电话问对方说也在找,司机说往左拐,那儿饭店多些。拨"114"电话询问,又转到交通台,还没等话务员说完,笔者忽然想起,那家饭店很多年前曾去过,司机所选方向正好相反。这固然与记性有关,似乎又不仅仅是记性的问题,记性只是记得牢否的问题,智能还包括搜索、联想等能力,这与依据经验"临场"应用有关①。

犬子小时候会走路后,有次到他爷爷奶奶处用完午餐,笔者带他走到小区边一座小桥旁,是两条干道的交会处,他看见一辆辆车经过,一一指手画脚大声说着汽车的品牌,那份开怀前所未见。知道他对汽车感兴趣,如此激动则令人惊讶。在他刚上高中后的那个月,又过去,等车时见一辆极少见的车的底盘几乎贴着地,他说太酷了。笔者与他说起前述那件往事,他说不记得了,什么原因使他那样兴奋、他怎么会知道那么多车?他说是书上看来的。过后笔者有点恍然大悟,记忆中的书本知识与实际场景对上了,也是一种快感。

记忆的过程往往就是记特征,这样才能"抓大放小""透过现象看本质",而且是记重要的、突出的特征,有的特征不明显或区别意义不大,记不记得无所谓。关于有效的特征集的清晰记忆对于决策有决定性意义。模式识别工作通常就是通过特征识别而进行分类的。卡尔·雅斯贝斯的《时代的精神状况》中有这么一段:"如果回忆仅仅是关于过去的知识,那么它就无非是无限数量的考古材料的堆积而已。如果回忆仅仅是富于理智的沉思,那么它只不过是作为一种无动于衷的观照而描述了过去的图景而已。只有当回忆采取了汲取的形式时,才会形成在对历史的尊崇中的当代人个体自我的

---

① 2012年深秋,笔者陪父亲到外地拜访他最近一次见面已是20多年前的一家熟人,联系方式都变了。父亲已80多岁,为了了却父亲的心愿,笔者设法帮助寻找。通过与同在该地的父亲不认识的老同志家联系,得知老人多年前已故,尚无其他信息。我于是请熟人查询到了住址信息。与地段派出所联系,希望确认,未果。最后,通过114查询得知唯一能公开查到的一个相关机构,得知地址没错,并被告知如何过去,说是在该相关机构旁。打电话过去,接电话者回答说不知道要找的人家。那个相关机构接电话者提醒过,就找这个机构,按照住址走会绕路。出租车经过那里时司机说不好开了后,我们就下车。可笔者还是希望按照门牌号寻找,拐了两条路,问了不止三次路,其实车是可开的。到了一个大院门口,经几次一问一答,确定了地方,穿过去到了楼前,就在那个相关机构旁,由其门进入确实非常便当。这情况缘何出现?
　　第一,与生活习惯有关,总觉得门牌号是最直接的线索;
　　第二,与思维方式有关,别人提醒的话儿有时候被忽视了;
　　第三,与经验有关,有时候按照某周边特征寻找不是最便捷的。
如果在记忆中所提醒的机构名被强化了,情况可能就不同了。再就是搜索方式,如果灵活地以先见到的标志为依据,也不一样。可能它们分别对应着深度搜索和广度搜索。同时,附加信息不可轻视。

实现;而后,这个回忆才会作为一种标准来衡量当代人自身的感情与活动;最后,这个回忆才会成为当代人对他自身的永恒存在的参与。"[8] 客观言事绝非易事,带主观性会影响记忆准确性。

冯·诺依曼当年也期待模拟人脑结构,而不仅是制造他提出的那种串行结构的计算机。就功能而言,两者有交集,内容记忆是其一。比如关于他的回忆中,最后一则逸事是他弟弟在医院为他诵读歌德的德文原版《浮士德》在翻页停顿时,冯·诺依曼急促地背诵出后面几句[9]。如此神奇之事,于计算机而言轻而易举。

2.5 形象思维

钱学森晚年,从历史过程、现实需求和未来趋势出发,系统思考和阐述更为深邃而宽广的现代科学技术体系,指导学科研究方向,试图将人类知识系统纳入科学技术范畴,尽可能用科学方法进行研究或阐述,表现出卓越的眼光和非凡的胆识,无论其勇气还是成就都独领风骚,令人钦佩。

其现代科学技术体系从横向上看有 11 大科学技术部门,即自然科学、社会科学、数学科学、系统科学、思维科学、行为科学、人体科学、军事科学、地理科学、建筑科学、文艺理论与文艺创作[10]。其中例外的是文艺,它只有理论层次,实践层次上的文艺创作,就不是科学问题,而属于艺术范畴。在 11 大部门之外,还有未形成科学体系的实践经验的知识库,以及广泛的大量成文或不成文的实际感受,如局部经验、专家的判断、行家的手艺等也都是人类对世界认识的珍宝,待逐步加入。随着科学技术的进一步发展,还会产生出新的科学技术部门。这个体系从上往下分为三层,最高层是马克思主义哲学、辩证唯物主义。最下面一层即上述 11 大部门,中间都有一座桥梁,比如思维科学对应的是认识论,文艺理论与文艺创作对应的是审美观。在每一部门中,又分为基础科学、技术科学和应用技术,对应于文艺的则是美学、文艺理论和具体方法(如绘画技巧)。不同部门间有联系,比如美学要从思维科学吸取营养。钱学森指出,发展思维科学的一个效果,就是人工智能的目的可能实现了。另一个效果是使我们懂得如何更充分地发挥人脑的能力。他设想的逐步递进的方法、技术、系统、工程和学说如下:

• 开放的复杂巨系统方法;

- 从定性到定量的综合集成技术；

- 综合集成研讨厅体系；

- 大成智慧工程；

- 大成智慧学。

钱学森的思考既有宏阔的视野和思想，又有针对具体的技术和背景，将古今中外知识集大成而利用之的思想，与大语言模型学习海量知识本质上一致，只是当时隐含的技术路线更多一些的是推理机制，而大语言模型实际上具备了一定的形象思维功能，那是钱学森倡导研究的关键内容之一。

人脑在生理上的形象思维功能早有定论。20 世纪 60 年代，斯佩利（R. W. Sperry）及其学生加扎尼加（M. S. Gazzaniga）、莱文（J. Levy）做裂脑实验时发现，人脑的各一半，都有其自身独立的意识思维序列，以及其自身的记忆[11]。左半脑主要负责逻辑、分析、理解、推理、语言、判断、排列、分类，思维方式具有连续性、延续性和分析性。右半脑主要负责空间形象记忆、直觉、身体协调、视知觉、音乐节奏、想象、灵感、顿悟等，思维方式具有无序性、跳跃性、直觉性等。斯佩利因提出"大脑两半球分工差异"而获得 1981 年度诺贝尔生理学或医学奖。通俗而言，左脑负责抽象思维，右脑负责形象思维。形象思维是结合主观经验和情感，对感受、储存的客观形象进行识别、描述和创造的一种思维形式，与抽象思维相对应，具有非逻辑性、概略性和想象性等特点。

形象思维与审美相关。马克思在《1844 年经济学哲学手稿》中提出"自然的人化"，李泽厚认为它是其基本艺术理论与美学思想，包含两个方面，"一方面是外在自然的人化，即山河大地、日月星辰的人化。人类在外在自然的人化中创造了物质文明。另一方面是内在自然的人化，即人的感官、感知、情感和欲望的人化。"[12]外在自然的人化，主要靠社会的劳动生产实践；内在自然的人化，主要靠教育、文化、修养和艺术。美学告诉我们如何理解、讨论艺术，理解比直接的欣赏更进了一步，属于理论范畴。这里要追求的不是科学上或逻辑上的定义的明确性，而是理解的透彻性。理解包括分析和综合两个方面[13]。

文学艺术、禅宗、中医等都是钱学森思考的对象和载体。表面看，这些领域与科学技术、思维科学无关，然其背后都联系着一种引人入胜的思维机制。他指出，抽象思维是一步步推下去的，是线型的，或者又分叉，是交叉型的。而形象思维常常连一点来龙去脉都搞不清楚,所以它似乎不是面形的、二维的,而是空间的综合的"杂交"过程,有时是跳跃的、发散的。古今中外历史上,不少政治、军事、商业、贸易的合理决策,并不是逻辑推理的结果。总工程师和战争中的指挥员,最后下了决心大家就这么干。一干对了,究竟怎样对的?为什么要这样干?谁也不知道是怎么回事。人认字的本事大得很,写得很潦草的字,龙飞凤舞,也难不住人。人听话的本事也是很大的,即便话里毛病多,可能文法也不对,还有些语气词夹在里头,可都听得懂。熟练的打字员,为什么打得那么快?人在醒觉时得不到对问题的答案,可以在梦里得到,在梦里怎么得到答案的?而所描述的梦里的情况都跟形象有关系。一块不平的铜片,钳工师傅用锤子敲几下就平了,但说不出来,别人又干不了。他还说过,据王守觉院士观察,速算者脑子里记住了一些具体的数值计算结果,有个很大的储存库。出了题目以后,他就用那个储存库里已有的东西凑凑就解决了。凑不上,再稍微改一下,这样计算,工作量就小多了[2]。

钱学森在谈到智能机时指出:"这里的新因素就是想办法把人的经验纳入这个系统中去,这就联系到形象思维,因为形象思维能把还没有形成科学的前科学知识都利用起来。"[14]这些也是与隐性知识有关的知识。"这个世界上应该有两种人,假定他们一起来到一个地方,平生第一次看到一个电话系统,第一种人首先想到的事情是记熟所有的电话号码,第二种人想到的则是弄清楚隐含在这些装置运作中的潜在精神。第一种人喜欢并能理解的是一个目录索引的层面,第二种人的思想则常常脱离目录的层面,沉溺入一种无法拿到桌面上看清楚,隐伏在意识深处,甚至意识的盲点中穿梭运作的胸中感觉。从拓展真正的智慧而非貌似智慧的花式的角度来看,第二种人显得好一点,但令人遗憾的是,我们的传统文化造就了大量的第一种人。"[15]智能模拟的困难在于第二种人呈现出的特点,只是"胸中"二字文学味浓。

形象思维涉及三个层面。微观上,指思维过程的基本单元,是一些图形、图像和图式;中观上,指智能中特定于形象思维的思维形式,那不是可完善刻画的模式;宏观上,指原始思维、艺术思维、儿童思维等形象思维方式本身,以前更多地只是在文学艺术领域讨论。文艺工作者创作时普遍体现出形象思维特质,但不是说只有形象思维,没有抽象思维。也就是说,它们不是割裂的,也不是完全并行的。形象思维可以暂时、局部范围内以其独特的方式进行,但就某件事的完整思维过程而言,它脱离不开逻辑思维。以往人工智能的工作多限于抽象（逻辑）思维领域，基本原因在于，机器上的"计算"与逻辑思维特征相近，而形象思维过程不易形式化。

 ## 2.6　辩证思维

俗话说，"要想人不知，除非己莫为"。这是人所共知、容易明白的忠告。但从基本语法出发作分析，此言逻辑上说不通。"除非"后面是条件，即具备"己莫为"这个条件，才有"人不知"这个结果；但没有做什么事，就谈不上别人知道与否；所谓"人不知"与否，是针对已存在的某件事的。此非抽象思维或形象思维可达，需要综合，需要辩证思维。

有言道，"真理越辩越明。"被辩明的真理可以为其证。然而生活中多数争辩无果而终有伤了和气，于是有人会指责对方"好辩"，意为有不争的事实而毋庸置疑，然而争辩总是双（或多）方，指责别人者在别人眼里十有八九也是"好辩"的角儿，或许最后错的恰是此方——总以为对方糊涂自己洞若观火的态度本身不对。可惜"双标"说话行事者不少。笔者以为这正是辩证思维的用武之地，以使不易辨别之事有个基本结论。"辨""辩"在此关联了。

曾听到过从一流大学哲学系教授到普通受教育者对辩证思维或辩证法的批评，不无原委，由于内涵的多义和外延的难限，使得某些概念和理论初衷或本意会有"泛化"倾向，那可能是发展，也可能是滥用，原因往往在于忽视内在原则，就如改革开放后百姓生活普遍得到改善，物品丰富、饮食多样，但这不意味着可以铺张浪费，有说"能吃是福气，节约是美德"，不仅如此，节约还是底层"逻辑"。有的纯粹数学家不认为应用数学家在搞数学，有的应用数学家于工程技术不屑一顾。其实，实际应用中，统计方法很派用场，控制系统中大量应用传统控制器，简单的、初始的并不意味着就是无效的、落后的，而是经典的、务实的。科学本来鼓励自由探索、天马行空，那既是本质使然也是客观规律，但不可反过来以此为托词而扭曲是非、混淆视听，行挥霍浪费之举和不负责任之事。就如一个小孩，应鼓励其发挥天性、自由成长，但若他唯我独尊、肆无忌惮，还可熟视无睹、听之任之？

辩证思维与逻辑思维认为事物一般是"非此即彼""非真即假"不同，在其语境中事物可以在同一时间里"亦此亦彼""亦真亦假"。辩证思维是一种世界观，是唯物辩证法在思维中的运用，联系、发展的观点是辩证思维的基本观点,范畴、规律诸概念也适用于辩证思维,对立统一规律、质量互变规律和否定之否定规律一样是辩证思维的基本规律。笔者以为,辩证思维最基本的特点是将对象作为一个整体,从其内在矛盾运动、外部的普遍关联以及各个方面的互相作用着眼,以变化与发展、联系与作用、系统与全面、历史与客观的视角认识和看待问题,以图从本质上完整地认识客观事物。

蒲益智旭谈到《论语》中"智者不惑,仁者不忧,勇者不惧"时指出,"三个'者'字,只是一个人,不是三个人也"。[16]而字面上看是各归各的。

诺贝尔物理学奖获得者汤川秀树说[17],"总之,古中国通过各种方式而在我心中占有地位。尽管这显然和我是一个科学家这一事实相矛盾,但是,这反而足以给作为一个科学家的我以某种个性……我所最感亲切的却是古中国的那些古老的、成熟的想法。与此同时,那些想法在我今天看来也是异常现代化的"。"换句话说,这里更重要的与其说是消除矛盾倒不如说是在整体中发现和谐。……而辩证法被认为可以使矛盾的综合成为可能。我并不特别反对按照这种宽广的方式来诠释逻辑学,但事实却仍是,要想综合矛盾,就必须首先直觉地考察整体。"另一位诺贝尔物理学奖获得者益川敏英建议放松的时候读一读《资本论》和《自然辩证法》,认为挺有意思,前者指出不仅自然界存在法则,社会发展也有规律。后者是学习辩证法的合适读物,它不是首先给出定义,而是给出思考辩证法的适用案例。学习那样的案例对于自己分析自然现象或社会问题是很有帮助的。在他的理解中,辩证法就是在我们的视角产生巨大变化时,讨论期间出现的事物、现象的规律性的学问[18]。

黑格尔与歌德谈话涉及辩证法时说:"归根到底,它不过是一种原本人人都有的矛盾意识,辩证法只是使其规律化并变成为方法论罢了;它的巨大作用在于分辨真伪。"[19]马克思、恩格斯的有关著作远比一般市井文学耐读,也比其他经院哲学生动,原因就在于它们面对现实、分析透彻,在于它们高屋建瓴、吞纳古今,深奥的哲理联系了世人的生活,宏博的思想启发了现实的人生。不可否认,马克思主义的宣传在中国、在我们这几代人身上有着特殊的影响,这在一定程度上可能会有先入为主的作用,况且,目前看得到的马恩著作,都是组织专门人力翻译得很好的经典,但这不是"逆反"的理由,也许正是这样的情景需要更多的辩证思维。

恩格斯说:"每一个时代的理论思维,从而我们时代的理论思维,都是一种历史的产物,它在不同的时代具有非常不同的形式,并因而具有非常不同的内容。因此,关于思维的科学,也和其他任何科学一样,是一种历史的科学,关于人的思维的历史发展的科学。而这对于思维的实际应用于经验领域也是非常重要的……然而恰好辩证法对今天的自然科学来说是最重要的思维形式,因为只有它才能为自然界中所发生的发展过程,为自然界中的普遍联系,为从一个研究领域到另一个研究领域过渡提供类比,并从而提供说明方法。"[20]

克罗齐(B. Croce)有名言"一切历史都是当代史"。按照该命题本身,若"当代史"就是"历史",显然混了两个内涵大小有别的概念。有说历史割不断、史事会以新形式再现,此言没错,然而"延续"本身意味着有不同阶段,后阶段可以超越前阶段而替代不了前阶段已有情状。这与人类看到星空光辉不同,那都是穿越时空而来并被肉眼看见,尽管遥远且隔不同时间,然其本质、形态没变,因此可言我们所见一切太阳光都是八分多钟(天文学计算结果)以前太阳发出的光。历史既可以被发现新佐证,又可以由梳理而出新结论,颠覆既有结论也可能,但断定"一切"历史都是当代史则有违历史逻辑。有人会说彼言不可那样理解,如果需要"理解",是否本身就意味着不能以"生硬"逻辑约束而只得"辩证"观之。歪曲、窜改、捏造历史不在此处讨论范围内。

钱学森指出,看来恩格斯早就提出"辩证思维"的概念,而且明确了这是人特有的。他还指出,有吴文俊的基于中国传统数学思想的数学机械化工作,抽象思维(逻辑思维)的任务看来可以交给机器去干[21]①。思维科学的基础科学思维学包括抽象思维、形象思维、创造思维。辩证思维是三种思维的综合。

在吴文俊看来,数学发展的主流并不像以往有些西方数学史家所描述的那样只有公理化思想,还有与之平行的中国式数学,即构造性、机械化思想。数学的公理化方法,是在一个数学理论系统中,从尽可能少的基本概念和一组不证自明的基本公理出发,通过纯逻辑推理法则,建成一个演绎系统的方法。中国古代数学的成果经常以算法(术)的方式表述,与之相应的是一些由其理论依据总结出的原理。通常证明几何定理的演绎法的应用范围有限,数学机械化开辟了初等几何获得应用的广阔空间,那是一种思维模式[22],并在方程组求解、一阶逻辑公式的证明、微分几何、理论物理、力学等

---

① 这是理论分析结果。抽象思维的许多具体工作,如数学、物理证明,当今并非都由计算机完成。

领域探索应用。"……吴文俊的数学机械化,理论上是可靠的,方法是可行的,这恰巧是人工智能方面最为重要的。"[23]那是中国学者对于数学机械化、人工智能做出的原创的、卓越的贡献,该工作本身也得益于辩证思维。

力戒片面、绝对、孤立、静态、局部地想问题、看世界,这是辩证思维的基本要求。做软件开发的人,希望自己开发的软件能卖出去而不是免费使用,但用别人软件时往往忽略此意,把自己特殊化了①。

顾炎武《与人书》言:"《宋史》言,刘忠肃每戒子弟曰:'士当以器识为先,一命为文人,无足观矣。'"其中的"识"很大程度上依赖于思维方式与经验。辩证思维把握之灵动、眼界之宏阔,使之在计算环境中更难刻画。至于《明儒学案》中如下的"段子"[24],则是社会现实所致的绝对化但不是辩证思维。

娄江(王锡爵)谓先生(顾宪成):"近有怪事知之否?"先生曰:"何也?"曰:"内阁所是,外论必以为非;内阁所非,外论必以为是。"先生曰:"外间亦有怪事。"娄江曰:"何也?"曰:"外论所是,内阁必以为非;外论所非,内阁必以为是。"这是简单化、绝对化。

《近思录》的《卷十一·教学之道》言[25]:"濂溪先生曰:刚善为义,为直,为断,为严毅,为干固。恶为猛,为隘,为强梁。柔善为慈,为顺,为巽。恶为懦弱,为无断,为邪佞。惟中也者,和也,中节也,天下之达道也,圣人之事也。故圣人立教,俾人自易其恶,自至其中而止矣。"(周敦颐《通书·师》)此为儒家的中庸之道,是被诟病的中国传统思想之一,实际上不走极端、兼顾各方没错,因此可说笼统批中庸之道本身也有可商榷之处。问题在于国人容易理解上简单化,行动上甚至首鼠两端。如果作具体分析,结论可清晰化。比如常言宣纸越老越好(这里的"好"指书写效果),听者因而也如此相传。为什么"老"就好? 具体原因据说纸经过一定时间的氧化"纸性"平和了,如果这样,不需要多长时间就可达"稳态",后续时间长短无关紧要,因此"越长越好"就不着边际了。不过这与所谓"千年寿纸"(其实宣纸才数百年历史)不是一回事,此说指作品保存期。与"乾隆"纸之说亦不可同日而语,那已参入文物价值,且那时候的做工尤其皇室专用品更得另当别论。佛家

---

① 有次参会后一位在职博士生送我们去车站,在谈及目前的考核体制时,感叹说,又要做家务,又要负责教学,还有杂事,另外搞科研,压力大,太不易了。笔者表示,即使这样,他们还是选择在高校工作,没有到他处。回答说,这倒也是。高校还是有吸引博士生们的地方。有意无意限于从自己视野出发说事,是普遍的思维定式。

的"不二法门"相对更深刻些。

王浩说："按某种含混而宽泛的意义来说,尽可认为逻辑是一种由世界找到秩序或者将事实理出秩序的理论和实践。正是在这种意义上,逻辑可以包括'辩证逻辑',特别是黑格尔的大逻辑……由此看来,数理逻辑就不免落后于逻辑了,因为我们总是在凭直观把握一些尚未获得'准确和完备的表述'的逻辑观念。"[5]王浩认为,"他(指哥德尔)的不完全性定理是他应用直观的算术真理概念与准确的形式可证性概念之间的辩证关系的一个宏伟结果。这种辩证关系在他的发现过程中尤为明显。他先是看出算术真理在算术中不可定义,随后又注意到形式系统中的可证性是可定义的,这才造出一个在系统中可表达但不可证的真命题。""辩证关系概念要处理的正是客观世界和人类活动中什么适当这个变动不居的侧面。"

若能既全面分析,又重点突出,当是佳境,这与逻辑并不对立。

第一,辩证思维首先要有清晰的概念。抽象思维背后是逻辑思维,不能说逻辑思维以外的思维是不合理的,即不能囿于逻辑,艺术创作、医生诊病甚至教育也不仅是逻辑思维。辩证思维强调时空多维状态及其关联,前者指历史观,后者指系统分析。在《歌德谈话录》中歌德曾对黑格尔说,但愿灵巧的辩证技艺没有常被人误用来把真说成伪、把伪说成真。

第二,历史地看指注意不同时期和不同阶段的背景与脉络、动态过程与相序阶段;系统强调不同角度、不同层面,各个因素及其相互作用,成熟的理论是合逻辑、自洽的,理论与实际比可能是"孤芳自赏",所以才强调"实践是检验真理的唯一标准","摸着石头过河"便是例子,那没法由逻辑推得:过河没错,但"摸"岂不是意味着盲目? 可别无他途,只得如此。

第三,从发展过程看,辩证思维是在抽象思维和形象思维基础上形成的思维观念,进一步面向了丰富多彩的思维现象和社会生活。比如某人犯罪,按照法律条文推理该死,但考虑到此人曾有过贡献或做过善事,可以一定程度上将功补过,实判无期徒刑。看一个人的贡献也类似,如果孤立按照岗位看是一种结果,如果考虑到前任的基础和帮助、同事的配合与支持,结论自有不同。

上述简单分析表明思维本身的丰富多彩、引人入胜,以及随之而来的思维模拟的艰难困苦与任重道远。恩格斯说,"在涉及概念的地方,辩证法的思维至少可以和数学计算一样得到有效的结果"[20]针对抽象思维、形象思维、辩证思维的不同特点和作用,以致顿悟(大珠慧海禅师《顿悟入道要门论》：顿者，顿除妄念；悟者，悟无所得）、直觉[26]等概念，整体思维，即以辩证思维为机制，以形象思维为核心，以经验知识为基础，注重对象整体把握的思维方式和思维过程，既是我们研究的基本理念，也是我们的研究对象。

身在其中，难免一叶障目，登高远望，可能风光无限。思维自身扑朔迷离，辩证思维有助于"拨云见日"，它离不开宏阔的眼光和视野，也需要日常的认识和习惯。"由于我们易犯错的特性，任何定义都可能是歪曲的或不完整的，更何况人们可能就该词的意义争论不休。"[27]大脑的功能区已被逐步划分，细胞层面结构也越来越清晰，但这样的物质形态及它们间的电活动如何支撑智能呈现和思维过程依然是复杂性巨大的问题，人们只能摸索前进。也许未来某天回过头来看，目前的做法被认为粗疏和简陋，然而现在还有更好的方法吗？

值得指出的是，井底之见、强词夺理，含糊其词、偷换概念，新官己意、朝令夕改，自以为是、指鹿为马等陋习怪论无论思想上还是行动上均非辩证思维之旨。

2.7 本章概要

思维的全面模拟是人工智能的内在要求，其若干方面的关系如图 2 - 1 所示。

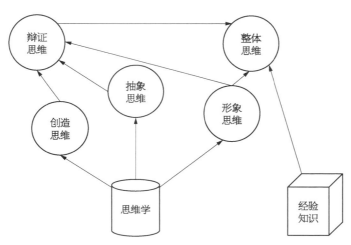

图 2 - 1　不同思维方式间的关联

- 逻辑是人们生活和计算机都应遵循的原则[①]，而思维过程不限于此，超越逻辑于人类、于机器都需要一种"转身"；
- 人工智能研究的思路与方法没有现成答案，本身是一个有待探索的话题，它将伴随人工智能的发展历程；
- 辩证思维是智能的又一高度的体现，但在人们的日常生活中普遍缺失或不以为然，机器缺之则人工智能不会完整。

> 横看成岭侧成峰，远近高低各不同。
>
> 不识庐山真面目，只缘身在此山中。
>
> ——苏轼《题西林壁》

参考文献

[1] 林可同.弘一书法墨迹.杭州：中国美术学院出版社，1997：48.

[2] 顾吉环，李明，涂元季.钱学森文集(卷三).北京：国防工业出版社，2012：323,317～321.

[3] 李怀宇.金庸的历史世界.同舟共进，2019，1：73～78.

[4] 顾颉刚.走在历史的路上——顾颉刚自述.北京：中国人民大学出版社，2011：55.

[5] 王浩.哥德尔.康宏逵，译.上海：上海译文出版社，2002：394～395,252,271.

[6] 董军，潘云鹤.基于多 Agent 系统和神经网络预测的路由选择策略.自动化学报，2002,28(4)：505～512.

[7] 孙光宪.北梦琐言.林艾园，校点.上海：上海古籍出版社，1981：173.

[8] 卡尔·雅斯贝斯.时代的精神状况.王德峰，译.上海：上海译文出版社，1997：112.

[9] 威廉·庞德斯通.囚徒的困境.吴鹤龄，译.北京：中信出版社，2015：238.

[10] 顾吉环，李明，涂元季.钱学森文集(卷六).北京：国防工业出版社，2012：383,416.

[11] 托马思·R. 布莱克斯利.右脑与创造.傅世侠，夏佩玉，译.北京：北京大学出版社，1992：1～92.

[12] 李泽厚.美学三书.合肥：安徽文艺出版社，1999：460～461.

[13] 叶秀山.叶秀山文集·美学卷.重庆：重庆出版社，2000：296～297.

[14] 顾吉环，李明，涂元季.钱学森文集(卷五).北京：国防工业出版社，2012：182.

---

① 有次笔者与图灵奖得主霍尔(T. Hoare)聊及形象思维相对于抽象(逻辑)思维模拟的困难，他反问，你认为逻辑问题都解决了？自然不是，逻辑始终是前提及基础，比如衣食住行一直是人类的基本生活要素，随着观念改变和经济发展，有人旅游探险甚至期望"飞天"，可有的地方吃饱穿暖还保障不了。即便某日世界"大同"了，那些需求依然。

［15］ 王小平.我的兄弟王小波.南京：江苏文艺出版社,2012：130.

［16］ 蕅益大师.灵峰宗论//曹越.明清四大高僧文集.北京：北京图书馆出版社,2005：721.

［17］ 汤川秀树.创造力与直觉——一个物理学家对于东西方的考察.周林东,戈革,译.石家庄：河北科学技术出版社,2000：104,53.

［18］ 益川敏英.浴缸里的灵感——益川敏英的诺贝尔奖人生.那日苏,译.北京：科学出版社,2010：38,121.

［19］ 艾克曼.歌德谈话录.杨武能,译.北京：中国书店,2007：170.

［20］ 恩格斯.自然辩证法.北京：人民出版社,1971：27～28,70.

［21］ 顾吉环,李明,涂元季.钱学森文集(卷六).北京：国防工业出版社,2012：416.

［22］ 国家科学技术奖励工作办公室.吴文俊之路.上海：上海科学技术出版社,2002：153～156.

［23］ 胡作玄.吴文俊——从拓扑学到数学机械化.自然辩证法通信,2003,43(1)：81～89.

［24］ 陈丰.给没有收信人的信——陈乐民文存.桂林：广西师范大学出版社,2010：94,107.

［25］ 朱熹,吕祖谦.近思录.陈永革,注评.南京：江苏古籍出版社,2001：299.

［26］ Simon H A. Artificial intelligence：an empirical science. Artificial Intelligence,1995，77：95～127.

［27］ 乔治·索罗斯.这个时代的无知与傲慢——索罗斯给开放社会的建言.欧阳卉,译.北京：中信出版社,2012：47.

3

经验知识举足轻重

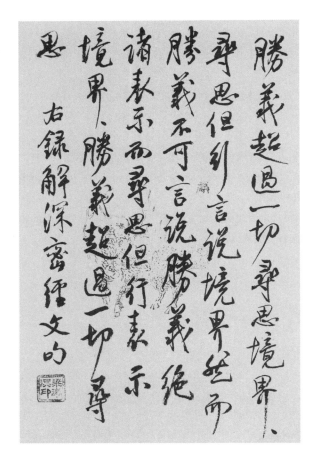

胜义超过一切寻思境界，寻思但行言说境界，然而胜义不可言说，胜义绝诸表示而寻思但行表示境界，胜义超过一切寻思。

右录《解深密经》文句　梁漱溟[1]

当科学的改革者主张转向自然并要求实验事实的时候，面向实际的手工业者、工程师和画家确实在获得扎实的经验事实。运用一般人天然的直观的处理方法，寻找的不是最终的真意而仅仅是他们在工作中遇到的现象的有效解释，这些技工们得到的知识嘲弄了那些博学的学究乃至人文主义者所提出的繁复辩解，在语汇学上的长篇推敲，纠缠不清的逻辑推理，以及对罗马和希腊权威的浮夸引证。[2]

——克莱因（M. Kline）

逻辑经验从来念，推理学习深度融。

"经验"与"经验主义"内涵并不相同，后者强调在实验研究基础上的理论推演而非单纯的事实依据或推理，古希腊医生的经验是"经验主义"一词的一个来源①。此处讨论的经验，既非缺乏理性思考、一味参照过去事情行事、决策者，也非科学研究中与理性主义相对者，而是人们在特定领域，经过长时间体验、训练和摸索后所具备的认识、分析、决策等敏锐的、动态的、综合的能力，是那些通过实践方能了解、掌握和运用的知识。

3.1 不薄常识

用碳-14测定年代是科普常识，笔者曾以为据此啥都可判，实际上误差不小，后来知没法测无机物，因此应用于青铜器之类就不合适，这都是理解有误所致。在武夷山时听说木头制成的悬棺是3 000多年前的，便纳闷：由于树可能被砍伐很久后才用以制棺，两者不可同日而语。不过由于碳-14测定误差不小，或许该因素可被忽略。

第1章提及的"常识"，是人工智能系统所需。众所周知，描述飞机时"蓝天上雄鹰展翅"是常见的句子，这需要常识才能理解，"雄鹰"并非指那种动物。"祖国母亲"也一样，而母亲比儿女年纪大也是常识。常识形成于人的

---

① "经验主义者"往往被指为超越理性主义、唯经验是从，历史上，无论社会实践还是科学研究，因其吃"亏"甚至吃"败仗"的事例颇多。但更多成功或行得通的道路都在不同程度上依赖于或借鉴了经验，实际上还是在于如何把握度，过犹不及。历史的经验当然值得借鉴，如何参考因人而异。个人领域经验与此（社会活动经验）不同，它们与个人经历、实践同样有关，但对象是社会，如有经验的农民、工人、指挥员等。顾准认为，社会实践中，纯粹的理性主义的判断会似是而非，经验的结论有时则更"靠谱"。

生活和实践当中,经历着相对漫长的过程,与专业知识不可分割但并不相同,再加其往往"若隐若现",所以在很多人工智能系统构建时"靠边站"了,这与具体问题的数学模型被设置不同边界条件,忽视具体要求相仿。

有次,笔者坐在一个朋友的车里,车子飞快行驶在高速公路上,问朋友车与车之间前后那样的车距是否不够,回答说是的,那点距离不符合要求,就靠驾驶员的判断和反应了。所以,驾驶员需要全神贯注。确实,多数情况下能防止意外,但不全有把握。既知如此,可是依然如故[1],经验关联着代价和可能的失误。笔者不会开车,常常有如此对话:

问:为何不开车?

答:我是色盲,不能开车。

问:看不清红绿灯?

答:能区分。

问:那为何不能开?

答:区分红绿灯可借助于亮度、上下位置等,但反应较慢,然而体检不同于此,要求高。

这些提问者有驾驶证,因此经历过色觉检查——不是直接检查辨识红绿灯的能力,而是看色盲检查本,其上图案笔者不是分辨不清便是张冠李戴。为何诸如此类普通的知识即常识(对于会开车者而言)会被直接忽略?或许这对他们而言过于简单以至于被"跳过"而不在日常记忆当中。笔者有次在公交车上看到前面座位的靠背扶手上有一比一般蚊子还小的虫忽然轻盈飞走,其肢体很细长,非叶状,且未见扑动,这两者与常识颇不合。常识的掌握也许真是"看似寻常最奇崛"[2]。

某日笔者在上海公交车上听得一段老人对话:

甲:上海要打(拨)区号的。

---

[1] 笔者小时候似乎在大人眼里是个好动手"瞎弄"的孩子,比如外婆裹"小脚"粽子,笔者在旁学着弄,还蛮像,煮后也没"散架";又一次曾在外婆种葱的大砂锅(自然是已有"纹",坏了的)里随便放入了玉米籽,没特别指望什么。然而不多久就长出了苗,后来长到数十厘米高并结了一棵玉米穗,有惊喜感。若事先询问有经验者要注意些什么,在真正的田地里也许就能种出可吃的玉米,假如暂不考虑单位面积产量以及品质。这里绝无轻视这类农活的意思——玉米的成长更多是个自然周期,施影响于其上的,除了种法,还有环境里的各种因素。玉米种植是较为容易学习的活儿,弄好也需要经验。经验很普遍,始终引以为戒则不易,比如我们从小吃小笼包,但稍不留神依然会肉馅"飞溅"或被烫着。

[2] 笔者小时候有次玩细铁丝,拿着中间、两头往下沉,于是与外婆闹,说它怎么"不直",实际上是不懂常识:铁质物由于自重不都能如粗钢条那样笔挺。

乙：上海么,021。

甲：不是,0512。

乙：哦,苏州的,打到苏州。

他们当时在说拨固话号码。"上海要打（拨）区号的"中的"上海"口语中也可被理解为"往上海（拨）",实际上话者意思是"（在）上海（拨往苏州）"。

平时在单位午餐笔者惯于去得较晚,那时人少,在高峰时段,透过窗户可见去食堂的路上人来人往。新冠疫情过后开工不久,所里一食堂正常供餐,但窗下那条路上不见人,笔者很纳闷,与开工后第一个过来的所外友人去用餐前说起此事:以前都到另一食堂（由于疫情那会没开）,就去一食堂,但怎么见不到去的人? 后某天去用午餐时路上忽想到,因疫情由办公楼去一食堂的门不开,那路上自然不见人。

有次友人说鲁迅诗句"愿乞画家新意匠,只研朱墨作春山"是对联,笔者意可以,但严格言"新"与"作"欠合,一直觉得鲁迅是希望画家"成为"新意匠,即略了那处动词,对方意此处"新"是动词,笔者表示"新"无疑可以是动词。不过七绝本身并不要求最后两句成对,古代七绝基本如此,不像七律的颌联、颈联。可能是巧合,也许鲁迅本意如此,但不成对不影响鲁迅作诗水准。有些从小就有的印象未必准确。俗话说"读书百遍,其义自见",没有多读、多思,有时"其义被误"。能写出来的经验是一回事,阅读写出来的内容并理解是另一回事,抓住要领更为不同。

一次,几位友人在一起时说起不久前的一次震惊全国的火灾事故中不少幸存者由于烧伤面积大、深度重,实际上是无望的。顺便,笔者问及监控可回溯多长时间? 回答是根据需要定,比如 30 天,有说（没有了也）可恢复的,那是指一定时间、一定范围、一定容量的信息,任何要恢复的信息都需要物理载体保存"蛛丝马迹"。不能超出记录媒体本身容量,比如水杯倒满后就溢出了。有时候"神奇"的技术将常识覆盖了。

常识属"常",不过不意味着自然而然可具备。对常识的忽视,或者一再强调常识,意味着事情可能离本。新冠疫情暴发后,大家被要求在公共场合戴口罩,笔者第一次用的是"N95"型的,但不知有一柔性条状材料是用于贴合鼻梁的。后来有一次用一次性口罩,那种材料看起来单薄,笔者未注意那个功能,后发现上下戴倒了。

别人的常识,可能是另人的经验;别人的经验,可能是另人的常识。另人的经验,可能就归于常识;另人的常识,可能来自经验。比如现在的中医药大学的毕业生中,有一部分多年后会成为专家,甚至名医,但他们在大学期间学习把脉估计是靠自己摸索前行的,使之改观可能还是依靠师徒传授这样一种传统的模式或可视化设备。这里有如何传授、是否有效的差异。有效的反面是无效,是对已采取措施的否定,如果不加区分,就医学而言不仅无法达到治病求人的目的,还有可能误及百姓。

机器有常识,方能模拟人。"换句话说,常识将世界表象为一个熟稔的世界、一个任何人都可以而且都应该清楚认识的世界,在其中,每个人都可以或者应该可以凭借自己的智力来判断真理。""但是总体来说,常识的观念一向是相当常识性的:任何一个有常识的人都知道"。[3]这话读起来有些拗口,其义在于:要具备常识本身也是常识,有常识者方能体会此认识。此语似乎又是悖论,回到逻辑范畴了。某位名作家书高等身、知识广博,但他在一篇介绍一位音乐名人的文章中,写道:"药物芯片正在申报诺贝尔医学奖。"诺奖包括生理学或医学奖,但无论哪种都无自身申报途径而是由他人提名的。这是科技界常识,不知何故或哪个环节的问题导致此误。

人工智能强调常识是因为缺乏常识或常识不够,而一个正常成长的人所具备的常识会逐步增多,这使其健康、协调、丰满,不过不意味着可忽视逻辑,人工智能首先是以逻辑为基础的,而逻辑是思维的基础。比如一个人,若思路清晰、思考严密,缺点常识照样生活和工作,甚至更专心而成大事;反之,即便"上知天文、下知地理",但前言不搭后语或语无伦次,则不敢恭维。比如,现代医学在众多疾病面前依然无能为力,治不好的病颇多,这是基本认识或可谓常识,但若因此认为中医能克服西医面临的问题,或说中医已延续两千多年,这个就是其合理性的佐证,则是蔑视逻辑之举,因为不存在那样的因果关系,除非能证明之。因此,逻辑更基本,不讲逻辑会颠倒是非。

近些年人工智能热后,不少教育界人士随之提出中小学阶段应增加相关课程,教育部也有相应规划和要求。出版社与笔者联系并派人过来咨询、交流,后来他们分小学、初中、高中出了教材。笔者关心教育本身:此举是否必要,是否与原来的知识体系融洽并符合教育的基本规律。必要性看来无疑问。实际上,有理由但未必充分。尽管邓公当年登高一呼"计算机要从娃娃抓起",计算机程序设计、信息技术课程便逐步走进中小学课堂,但从人的全面发展要求出发,其他有益于"全面"的日新月异的现代科学技术知识也需要及时传授,而中小学已经接触计算机的学生学得的知识或所受的训练在后来的专业(无论计算机技术及其相关专业或非计算机专业)学习与实践中有怎样的独特意义?"独特"指那些知识不可替代但又非重复。这就涉及了第二个问题。笔者提醒考虑好与大学人工智能课程或专业知识的衔接,内容应该有助于后续学习,否则,既多花了学生与老师的时间和精力,又反过来影响对中小学人工智能教育必要性的认可。如果此举是作为常识学习的安排,则具备了充分性。

3.2　领域经验

鲁迅曾写道:"……在上海的弄堂里,租一间小房子住着的人,就时时可以体验到,他和周围的住户,是不一定见过面的,但只隔一层薄板壁,所以有些人家的眷属和客人的谈话,尤其是高声的谈话,都大略可以听到,久而久之,就知道那里有那些人,而且仿佛觉得那些人是怎样的人了。"[4]没有长时间潜移默化不会如此。

笔者年轻时选西瓜,由于知道有一种甜的瓜有点"沙",就用大拇指按西瓜然后听声音,有"沙沙"声音便行,几次不差,于是就将其当作经验。后来姐姐提醒,那会对瓜有所损伤,卖者不乐意。而没有那种声音的瓜也有好的,只是需要其他经验判断,比如敲瓜听音是常用手段。笔者此后就不"用"那经验了,经验并非被动积累的代名词。

爱因斯坦说:"纯粹的逻辑思维不能给我们任何关于经验世界的知识;一切关于实在的知识,都是从经验开始,又终结于经验"。[5]但他又强调,"只有大胆的思辨而不是经验的堆积,才能使我们进步。不可理解的经验材料,我们已经掌握得太多了"。[6]康德说:"人必须读书,必须取得经验。一切知识都从感觉开始。"[7]丘成桐先生说,"我们在寻求真理时,往往只能凭已有的经验,因循研究的大方向,凭我们对大自然的感觉而向前迈进,这种感觉是相当主观的,因个人的文化修养而定"。[8]

人类知识源自经验以及在具备一定的认识和思考基础上的归纳、演绎,关乎认识的拓展、认知的积累两方面,前者是广度,后者是深度。有的自身体会会形成经验,那是最通常的知识当中的一类,很普通也很丰富,人们对它有时穆然有时兴奋。就多数人而言,经验主要来自经历或阅历,可理解为阅读与体验，阅读不仅指读书，还包括阅事、阅世，而体验不止于体会过程本身，由此磨炼的眼光、素养、感悟皆在其中，或可言为动态的经验。

经验因人而异、因时而深、因位而变，具潜移默化、水到渠成的特点，其积累是一个发散又综合的过程，首先是对本领域及其过程的熟悉和理解；接着是熟能生巧，如庖丁解牛，似神来之笔；然后游刃有余甚至超越自身领域，"人类的历史，就是一个不断地从必然王国向自由王国发展的历史。……因此，人类总得不断地总结经验，有所发现，有所发明，有所创造，有所前进"[9]。经验并非只是一成不变的模式，它是深刻认知的基础。

梁漱溟云："从来空想空谈不成学问；真学问总是产生在那些为了解决实际问题而有的实践中，而又来指导其实践的。在东方古书中被看作是哲学的那些说话，正是古人们从其反躬向内的一种实践活动而来，要皆有其所指说的事实在，不是空话，不是捏造。你只对着古书望文生义去讲，并不能确知其所说究竟是些什么。"[10]一位书画家说书法是"遗憾的艺术"，估计其意为创作结果总有不满意处，与预想都有距离，因此遗憾频生。有遗憾，才会不断总结、反思，从而提升、进步。苏州博物馆新馆是贝聿铭的最后作品，在建造过程中建筑师多有修改、调整，比如他曾决定将原来的绿地改为水面，要敲掉40立方米的高标号混凝土，七八个工人弄了二十多天[11]。袁隆平说："真正的权威永远来自实践。"[12]相比之下，书法"重新来过"的代价要小，只是有可能新作中又有别的不满之处。经验再厚，也难保无失。

周恩来在延安因骑马跌伤右臂，一位年轻医生认为是骨折，另一知名专家认为是软组织损伤，结果因听后者意见而致残疾。后去苏联诊疗，证明是骨折，若照此治疗需要较复杂的手术，周恩来未予施行[13]。因此，"熟"未必"生巧"，学习在一定程度上会"饱和"。

有次偶知有肺肿瘤病人先在国内手术，后又到美国手术。对此有人认为，中国人口多、基数大，因而那种手术是常规之举了，国内做不会比在发达国家差。那是一个容易被接受的直观结论，医生也不乏如此认识。其实经历多只能说明训练多进而熟练程度强，但与医术高明、精细，以及病处切得是否恰到好处、后续措施是否具有针对性等，并无必然关系。若不善于及时总结、主动反思，也许原地踏步或者不进则退。病人心态各异，估计有些专家的名声就那样被"放大"了。计算机技术工作者通常都有如此感受，越"老"越"外行"，与医生相反。

有的名人,八九十岁还在第一线,还站手术台,因病人相信他们。其实有对老医生盲目崇拜之嫌。在逐步丰富经验的同时,谁都难免会形成思维定式,而思维定式一经形成或具有其趋势,若没有偏离"正确方向",则可能导致满足于现状、停滞不前,甚至生搬硬套、削足适履;若与正确方向偏离,后果可能不堪设想,这两种情况都远离有益经验的积累。

笔者母亲看过的一位原来在地段医院工作的老中医,大概90多岁,看上去远未到那个年龄,每天上午在家中看病人,病人有小区邻居,也有远道慕名而至的,有时候络绎不绝。老中医看病时常会翻阅几个本子,虽然这在医生中少见,然而情有可原,或许老人年纪大、记忆力弱了,或许要与以往处方作些对照。对于日常疾病,他已总结出不同医案,不过那可能是几十年前的结果,也就是说后面数十年并未长多少经验。而对于效果,并无别的医生对照。因此,我们可以称赞老中医为民服务老而不辍,而没法说他掌握比别人更有价值的经验。

有次乘船摆渡,笔者问艄公,要划好船不容易吧?他说是不容易。再问初步学会要多久?回答说那只要两个小时。从两个小时以后到看似轻松、摇动自如的岁月就是摸索、实践和积累经验过程。对"掌舵"者而言,在通常的水路要能不费力地把持好平衡,遇到险情时要善于选择、调整。在坐船者眼里看似简单的动作背后是日积月累的功夫。

经验未必合逻辑,但不忽视逻辑,而是与逻辑互补,比如没有一定时期的软硬件设计经历,对计算机技术难有透彻理解,没有关于计算的体会与实践,也没法理解人工智能的初衷、本质及其意义。强调经验并不是说感性经验是一切技能的唯一来源,经验既是一种借鉴,又是重要的积累,并非都是理性的,但违背经验则可能事与愿违。谈论经验,本身就是经验知识,也出于经验之谈,某种意义上是一种约束,没有这个过程,就没有相应的认识和智能。

人类克服未知主要通过书本学习、自身积累和反思总结。经验与所学知识相辅相成进而可致举一反三、触类旁通境界,那些可称为启发式知识,是区别于非专家的标志所在,据此可在必要时作出猜测,辨别有希望的解决途径并有效处理错误或不完全的数据,有些可能是"顿悟"这种独特的与形象思维有关的脑内过程。拙著所述经验,是科学实践性的,而非哲学思辨性的,尽管两者不是互相孤立的。

《老子·一章》云："道可道,非常道;名可名,非常名。"《庄子·知北游》云："道不可闻,闻而非也;道不可见,见而非也;道不可言,言而非也。知形形之不形乎!道不当名。""道"需要体验,可以领会,然而能言说的,并非其永恒的内涵;知晓的东西未必能说出,说的人不一定真知道;表面上,言语易被理解,实际上未必。从古至今,解释《老子》(《道德经》)的书籍汗牛充栋、不计其数,它们都认为别人的解释不透彻、有失偏颇甚至误读了。这也在一个角度表明《道德经》本身难"道"。

《庄子·天道》中轮扁斫轮故事说,齐桓公在堂上读书,轮扁在堂下砍削木材制作车轮,他问齐桓公:您所读的是什么书呀?桓公说:是记载圣人之言书。轮扁又问:圣人还在吗?桓公说:已经死去了。轮扁说:那么您所读的书不过是圣人留下的糟粕罢了。桓公说:我读书,做轮子的匠人怎么能议论?说出道理才可以放过,没有道理可说就要处死。轮扁说:我是从我做的事情出发来看的。砍削木材制作轮子,榫头做得过于宽缓,就会松动而不牢固,做得太紧了,又会滞涩而难以进入。我做得不宽不紧,得心应手,嘴巴里说不出来,但自有度数分寸。我不能明白地告诉我的儿子,我儿子也不能从我这里得到经验,所以我已 70 岁了,还独自在做车轮。古代人和他们所不能言传的东西都一起死去了,所以您读的书不过就是古人留下的糟粕罢了!

笔者中学时代有次家中来木工做活儿时曾企图用刨刀刨平久用后中间已凹陷的砧板,第一"推"就不利索,那以后要么推不过去,要么刨子直滑向前,真是母亲常说的"看人挑担不嫌累",师傅拿过刨子三下两下就完事了,端正方向、平衡用力、把控深度,缺一不可,否则就会"寸步难行",这不是问一下师傅就能掌握的,木工的其他活大都如此。有次在美国徐冬溶教授家住了几天,一个晚上他用割草机平整屋周的草地,范围蛮大,笔者帮着弄,地有点坡度,似乎很费劲,压根没想的那么轻松、"好玩",当然这类事不难掌握,可是一开始还是"眼高手低"。

纸上无"战场"——木工那样的一般经验通常不见诸书面(可能雕刻除外)——无法书面表述。学徒学艺,师傅诚然重要,师傅本身手艺的好坏有很大影响,但主要是"领进门","修行"以至要"出师",更大程度上是练习、摸索、反思、比较和总结。功夫少不得，参悟很重要。俗话说"三百六十行，行行出状元"，不仅指各业平等、无贵贱之分；另一层意思是，在任何行业中要做好、做到出类拔萃，都难。民间对绝活有所谓"传子不传婿"之说，这是从"教学"的"教"字出发而言的，就"学"而言，并非说了就管用——能说出者可能言不及义。这也是有绝活者"自重"的原因——要多少功夫和时日才有那样的"境界"啊！

鲁迅说："读书人家的子弟熟悉笔墨，木匠的孩子会玩斧凿，兵家儿早识刀枪，没有这样的环境和遗产，是中国的文学青年的先天不足。"[14]美国NBA明星奥尼尔在其自传中说道，他的一个教练总带着一块写了上百条注意事项的白板进入休息室……而且他的所有依据都来自这项数据或者那项数据……他们输了，教练下课是迟早的事。当然，教练下课有各种可能原因，但打赢篮球一定不仅依靠"注意事项"或"数据"[15]。

鲁迅还说："孩子们经常给我好教训，其一是学话。他们学话的时候，没有教师，没有语法教科书，没有字典，只是不断的听取，记忆，分析，比较，终于懂得每个词的意义，到得两三岁，普通的简单的话大概能够懂，而且能够说了，也不大有错误。"[16]每人都有学说话、学语言的经验。毛文涛博士有一次又问起是否翻译人工智能方面有特色的著作。笔者虽然学习英语数十年了，20多年前就与前辈一起翻译过计算机高级语言书籍，但要翻译好绝不是一件容易的事，译质差别极大。同天晚上与郁振华教授①交流，他说起刚结束的学期给上海纽约大学学生开了介绍中国哲学发展的英文课程，花了很多时间，是那学期的主要事情。他查阅了大量过去的材料，觉得由中文翻译的内容均较为表面，没有能将深刻、细微的内涵表达出来、传递出去。

王小平在《我的兄弟王小波》中写道："我们后来学起英文来，虽然也仗着对英文语法的理解阅读无碍，只能算是支着拐杖入了门，离登堂入室还差得远，论语感和中文绝对没得比。"[17]真是"语言这东西非下苦功不可。"包括训练、体会、比较等。

---

① 与郁教授相知于当年华东师范大学准备开展多学科交叉的认知科学研究的筹备过程中，其后有几次谈天说地、神聊闲谈，希望有深入交流的可能，未料我们的研究有其研究的"默会知识"这条具体而明确的纽带。2012年深秋"知识与行动"研讨会准备期间他抬爱邀请。笔者一直想从哲学工作者那里得到人工智能研究的方法论启发，但多年过去，已渐"麻木"。后来郁教授要笔者在会上做个报告，由于能讲的很技术化，唯恐不登哲学雅堂，郁教授又诚恳再提。2023年春，又一次应郁教授之邀前去交流，交叉学科交流效果多非同一般。

中英文俱佳的历史学家黄仁宇说，"三十八年后，我仍然在和英文搏斗。如果你是长期东学一点、西学一点，而不是系统地学习一种语言，你就永远搞不清楚字句的排列组合"。"虽然我在美国居住的时间比在中国长，但有时还是找不到最直接的表达方式，或是最合乎语言惯例的用语，以便将想法呈现在白纸上。"[18]笔者还学过日语、德语，其中德语是自己学的，现在看来是白搭。

认识论中的默会知识论被认为是波兰尼(M. Polanyi)对哲学最具原创性的贡献[19]。而维特根斯坦(L. Wittgenstein)区分了强的默会知识和弱的默会知识概念，前者指原则上不能充分地用语言加以表达的知识，后者指事实上未用语言表达、但并非原则上不能用语言表达的知识。"换言之，默会知识论所关注的，并非可以表达的东西和绝对不可表达的东西之间的界限，强的默会知识论关注原则上可以充分言说的知识和不能充分言说的知识之间的界限，而弱的默会知识论则是在原则上可以充分言说的领域之内，关注事实上被言说的知识和未被言说的知识之间的界限。"[20,21]或者说，我们并非总是说出了我们的意图[22]。《老子·七十章》有言："吾言甚易知，甚易言；而天下莫之能知，莫之能行。"这有哲理本身深奥的一面，也有言之不尽的另一面。

3.4　隐性知识

智能以感知与经验为起点，以知识和行为为中心，以推理和学习为手段，以进化和发展为特色，以搜索和求解为目标，以改造和创新为能事。人工智能之模拟人的思维过程，强烈依赖于领域知识和常识，它们以语言为基本载体，然而并非皆由语言可达。隐性知识是指在特定领域经过长时间体验和积累，具有针对性及相应效果、难以表达甚至是潜意识的那些经验知识。与默会知识是不同视角的表述，或言拙著特指那些尚未表述然而人（或机器）经过努力可以学得的经验知识，其作用在于识别各种特征或把握总体趋势，明确相互关系和具体方式，关联已有模式并寻找有效方案。大数据中也有大量隐性知识，机器学习是一个途径，它关乎三个方面：数据规模（一定数量）、数据品质（比如就疾病分类而言多数是正常数据就不够）、标注结论（两位以上专家取得一致意见）。

《墨子·非儒下》有"隐知"之说，本言隐藏其知，也可为隐性知识的一种形式。钱学森举过"言传身教"的例子，其中的"身教"就是难以言说的知识。如孙过庭《书谱》云："夫心之所达，不易尽于名言；言之所通，尚难形于纸墨。"所及均是。

经验经过归纳、演绎成为知识，知识包含显性知识与隐性知识，常识是独特的知识。此处的经验有两方面的含义：一是宏观而言，人类知识源自个体经验以及在具备一定的认识和思考基础上的归纳、演绎；二是具体而言，每个人的经验都既包括他（她）学到的显性知识，又包括他（她）积累的隐性知识。图3-1所示是以医疗诊断为例的隐性知识显式化以及整体思维过程。

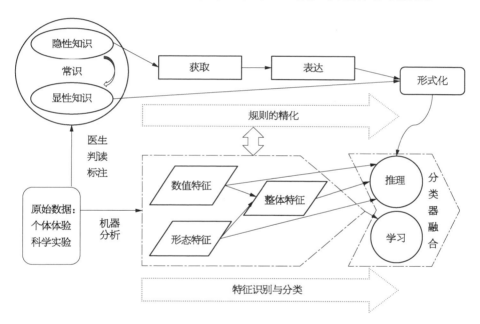

图3-1 从知识到分类器设计：上半部分是重视隐性知识的规则精化过程，是领域专家（医生）和知识工程师的交互，该过程还会对特征识别（下半部分）产生影响，比如哪些特征有待加入、哪些特征并无必要。下半部分是从信号预处理到特征识别和分类的基本环节，特别之处在于：在特征识别阶段，要关注形态特征及整合数值特征和形态特征的整体特征；在分类阶段，需融合针对不同特征的分类器，特征识别过程可使人们对规则精化有更为深刻的洞察（上下部分间的双向箭头）。

关于实践、经验，每个人都有体会，包括日常生活、问题思考、临时应对等，因时间而异，因空间而变，是综合的、潜在的和迭代的演进。20世纪80

年代，很多年轻人热衷于学弹吉他，笔者从未接触过，以为每人都抱那乐器，看一样的乐谱，弹出的曲子也一样，其实那是外行之见，撰写拙稿时忽然想到，那是显性知识描述不会那么"细"、需要隐性知识的例子，没有人能做到熟读琴谱后便可熟练演奏之。

这些年很热的"注意力机制"背后其实也与隐性知识有关，需要领域专家反思后才能明确恰当的关注点，有的研究还提"二次注意力"。

钱学森指出思维模拟的瓶颈在于形象思维模拟，潘云鹤院士就此提出综合推理方法，笔者所提"隐性知识"源自就此的学习过程中对形象思维模拟的兴趣。21世纪初获知心理学中内隐（隐性）记忆概念[①]，接着获悉波兰尼阐述的默会知识观念[23]，其间计算机辅助心电图诊断的错误结果分析以及形态描述困难、脉象的可视化及其与心电图的比照、书法学习中自己的体会与执笔方法反思等是该思想逐步积累的实践支撑。若干基本观念关系如图3-2所示，其中实线表示深化或递进过程，虚线表示对应关系或可能的影响。

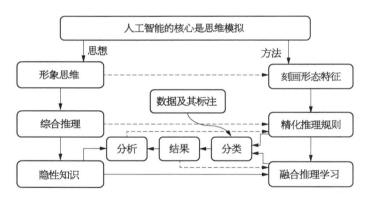

图3-2 思维模拟：从思想到方法各部分关系

隐性知识学习是一个有趣而缺乏现成途径的话题，比如脱把骑车是在骑车过程中可学得的一种技术，没法教。犬子小时候，笔者在他面前吹口哨、打响指，他觉得很有趣，然而试不成，除了演示以外笔者无能为力。这些动作隐含难以言表的经验，唯有通过自己的体验才可能掌握。笔者给过他关于游泳、篮球方面的书籍，他从小喜欢篮球，游泳则是在游泳馆与笔者一起游时学会，并非由书习得。这接近于增强学习，强调和环境的交互、摸索，

———————————

① 向杨治良教授请益时获告。

如果我们试图看书后下水就会游泳，上说无误，但若将任何实践理解为理论学习以后的行动，则上述表达并不恰当，因为阅读、了解基础知识是实践的前提，学习基础知识是掌握技能的第一步。不管事先是否看过游泳书籍，若养成的是错误姿势，以后会更难学，速度也跟不上①。

王蒙先生说："书是教人学问、教人聪敏、教人高尚的，为什么书会使某些人愚蠢呢？因为书与实践、与现实、与生活之间并非没有距离。人一辈子许多知识是从书本上学的，还有许多知识和本领是无法或基本无法从书本上学到手的，例如：游泳，打球，太极拳，诊病把脉，开刀动手术，锄地……"[24]

锄头用来锄地，效果在地上体现，如果仅仅是制作锄头，比如用造坦克的钢、用花梨木，虽然是自由探索，很"漂亮""过硬"甚至被不断神化，然而并不见得益于顺手地锄地，那样的锄头可挂在墙上当艺术品欣赏。更有甚者是没琢磨过锄头就说其地如何因锄头而高产。有次评议人工智能指南，有考核指标"实现量子力学精度"，不仅意图欠明，即便达到很高精度，拟解决的问题是什么？学科交叉当下已是一个普遍话题，还是需要"深度优先"，即共同解决某个或某类问题（这是大多数科技工作者的主要任务），所谓"伤其十指不如断其一指"，有的伤也算不上，无非只是动了皮毛。比如攻克了具体困难，提高了教育质量，在需要时达到了另一学科专业人员的相当水准甚至成了另一领域的行家，才是社会、科研的福音。

创造是否必须掌握某种"隐性知识"难以一概而论，通常认为那是反复思索、综合经验、推陈出新的结果，但也有"一张白纸画最美图画"，小朋友突发奇想便是如此，而隐性知识如何显性化是拙著的根本主题，笔者与同行有如下交流。

诸葛②：是否所有隐性知识都可以转为显性知识？

笔者：转化是初衷，但能否都转依赖于领域专家的理解及其努力。

诸葛：能否说清楚，能否通过学习学到是两个问题。游泳是技能，也可以写出来，但因素太多可能写不全（全程立体录像就可以了）。

笔者：我学游泳不是看书学来的，后来我买过书，回过头来又翻过书，还

---

① 有同学说高二没解出的题到高三忽然就做出了，那是否是隐性知识的作用？对照关于隐性知识的内涵，回答是否定的，高二、高三学的是不同知识而不是一直面对同样题目，时间也不长，况且做题这事，这时不成，那时成了的情况蛮多，可能是受到了某种启发。

② 诸葛海教授与笔者的一次微信讨论。

是认为光看书是学不会的。录像能否解决问题不清楚,但一定有细节有待自己体会然后才可能掌握。对于中医把脉模拟,我这样的外行做这事只能希望中医尽量说清楚,或者启发他说清楚,然后才能建模(让机器学到),也就是两个问题是相续的。

诸葛:初步感觉是凡知识都应该可说清楚,但反过来,学以致用就与个人实践过程有关了;主要是写出来的东西如何判别的问题,如果没法判别,这类属于技能,不是知识。

笔者:第一,我自己会,但说不出来(给我时间也做不到);第二,如果说是技能,中医把脉是否也只能算技能,因目前没法判别(我就遇到过两个教授先后给我把脉,结果南辕北辙)。

诸葛:(吹口哨)可以写出来的,比如口、舌、气如何控制,但学是另一个过程。

各人有不同的认识和能力。虽然那与我的考虑不一,不过是一个良好的例子,即理论上看会认为事情都可做。事实上,那不意味着具体可行,所谓具体可行即指将诸如吹口哨的要领清晰地陈述出来,而且能让读者看后明白如何达到目标①。

这不意味着有理由忽视努力言表知识,相反,言表对于知识的传授十分重要。比如胡适后来说过老师讲解的重要性[25]:"我才明白我是一个受特别待遇的人,因为别人每年出两块钱,我去年却送十块钱。我一生最得力的是讲书:父亲母亲为我讲方字,两位先生为我书书。念古文而不讲解,等于念'揭谛揭谛,波罗揭谛'全无用处。"

也有的事文字表达言简意赅但体会不明,比如"上瘾",尽管笔者喜欢吃辣,曾经一顿吃 10 个细红尖椒,也没法理解吸毒上瘾的感受与后果,因自己长时间不吃辣也过得去,不是非吃不可。

隐性知识学习首先指向领域专家学习,以及比照互参,或谓机器帮助下的学习。有时解决问题的办法就是去提出恰当的问题,假如说隐性知识概念属此,则如何习得隐性知识是直接的问题,表 3 - 1 是一些笔者有所体会的例子。

---

① 徐冬溶教授觉得可能定性和定量之间有个匹配问题。一般人看书学不会还需要亲身体验,应该就是一个校准(calibration)过程。书上即使能描述清楚,也只是个相对偏定性的概念,比如说用力 30 牛顿,各人还是不知道到底有多少,应该怎样算是 30 牛顿。但是有些内容好像是无法描述的。

表 3 - 1　隐性知识学习方法示例

种　　类	细　　分	方　　法	说　　明
日常生活	游泳	有书籍可参考	游泳等有文字材料但非充要条件
	口哨、响指、骑车	自身体验	
心电图分判读	结果反馈	见表后文字	具体内容见第 4 章
	形态刻画	机器学习	
书法学习	内涵置换	见表后文字	具体内容见第 5 章
	临摹创作	练习、比照、反思	
脉象分析	比对互参	见表后文字	不同专家差异大,可参以脑电分析
	多模迭代		
阅读	一目十行	自然而然	未必人人适合
	内容取舍		

- 结果反馈:

就后述体征分类算法言,在学习基础知识的基础上,针对通常的书本知识可设计初步方法,获得结果后,通过与专家交流、探讨,并将分错的情况反馈给医生,启发医生重新审视并修改、优化原有诊断规则和参数。

- 内涵置换,可分为两种:
  ◇ 效果引导:如书法执笔方法,那只是手段,目的是获得高质量的书写线条,很多学习者能明白但达不到目的或找不到线条为何欠佳的原因,如果提示要设法将力传到笔端,学习者的感受与理解就会直接些。
  ◇ 名称改变:如日常中所说"僵尸",多数人能知其意,由于具迷信色彩,有学者以"无魂人"替代。实际上是视角不同,给人以不同想象空间,前者着眼于物质是否具有生命,后者则意味着灵魂的有无,即"没有意识,其他音容举止一如我们的生物"。[26]
- 比对互参:
  ◇ 同步感知:例如脉象分类,由于缺乏如心电图那样明确、具体的诊断规则,首先通过同步医生指下感知和脉象,让医生将所见信息与感知到的信息对应起来,概括脉象的特征及其含义,然后才会有如心电图那样的以症状特征为基础的推理规则,进而建模。

◇ 多模迭代,如第 4 章将介绍的"升学"分类器。

脑电图观测和相关数据挖掘有可能更精准地提取一致的诊断结论,而不限于医生的主观经验,即通过不同医生在诊断过程中的脑电数据分析,构建刻画症状的特征参数、诊断规则并形成客观标注依据。

有观点认为,有了数据和深层神经网络,隐性知识问题可迎刃而解,其实不然。首先,隐性知识不自然而然地呈现在数据上,标注过的数据"携带"了经验,但还有相当部分隐性知识未能显现;其次,即便机器学习,也不保证能全学到关键知识,神经人工网络会随着认识的深化和应用的拓展不断健全与有效,但逻辑机制依然不可或缺,因为那本来就是思维的一种形式,是智能的特征之一,逻辑关系或显式或隐含在学习模型中,推理与学习崭新的融合形式正是我们所期待的。推理含推理方式与推理内容两方面,前者如不确定性推理、模糊推理等,后者包括规则优化和知识精化,都与隐性知识学习有关。学习在当下主要与人工神经网络相关,除了基础性的认知神经科学基础上的建模外,涉及网络结构优化与训练方式探索。比如"卷积"操作就是一种了不起的对于人工神经网络结构的创新,而针对某个具体问题可以有多样的形式和参数配置,由于无规律,需要大量试验,使得实际上的结果往往并不能够体现最佳情形。至于训练,梯度下降是核心思想,比如有研究表明,频繁的权重矩阵改变过程中,只有一小部分奇异向量空间实际有变化,如若确然,据此的优化训练对于提高效率,减少资源耗费将非常有帮助。

《荀子·儒效》所言"故闻之而不见,虽博必谬;见之而不知,虽识必妄;知之而不行,虽敦必困"可用以反观隐性知识的学习。

3.5　直觉模式

人的认识的形成,因人而异,从内因、外因的区分看,前者涉及先天气质与后天实践;后者关乎学习输入与环境影响,比如父母的言传身教、书籍的潜移默化,书籍中或有榜样,或可印证既有想法,或是自己与他人的理念互动。客观知识以外，人的反省可以加强对知识的体会，诸如主动的纠正与深化，遇到特定情况的比较选择等，那是个逐步精化的过程，而其本身又是被认识的对象。人们的总结，历史地看往往不够，然而是迭代的基础。再比如小朋友智力发展有快慢、早晚之别，但都有限，不能指望他（她）能回答更复杂的问题。积极教育的一方面要使之健康成长而非拔苗助长，另一方面是引导、辅助、训练，此外还要接触社会、了解生活。

西蒙等对人类在诸如下棋、解物理问题和医疗诊断等领域的专门知识的研究表明[27]：在获得高级技能的过程中，一流的专家在其专门领域内至少学会5万个模式；他们能一眼就看出这些模式并从长时记忆中抽取与这些模式相关的信息。在任何一个领域中，专家知识的数量是5万～20万个组块（例如，专家在看对阵棋盘上的棋子时，并不将它们看成是各自孤立的，而是根据棋子之间的关系看成若干个组块）。对某些人而言，在极为重要的一些领域，获得这些知识所需要的时间不少于10年。例如，一个高级的诊断医师面对病人叙述或表现出来的症状，能迅速地辨别出熟悉的模式，并回忆起一个或多个导致此症状的疾病的假设，进而指出为了确诊应该做什么样的附加检查，以及确诊后应进行怎样的治疗，所有这些都是在几秒钟之内完成的。专家可以察觉到新手见不到的东西。华罗庚曾对其学生说过，学生看到的是数字，他自己看到的是矩阵，也就是说，别人可能很快能进行数字运算，而华罗庚能像做简单的算术计算一样做矩阵计算，他把握的元素比一般人复杂，而同样是对元素进行计算，即使速度相仿，结果差别也会很大。钱学森在学生问他为何在黑板上算积分题如此快时说，就是多练习，说不出道理，那就是经验因素[28]。这如同诺贝尔奖得主纳什（J. Nash）"可以在自己的头脑中将一个数学问题看作一幅图画"。数学家无论做什么，必须有一个严谨的证明加以支持，然而这不是答案出现在他面前的方式。反过来，一堆直觉的细碎线索，有待他缝合一处[29]。

记得中学时从报上得知，苏步青曾说过，要掌握基本的数学原理和方法，至少要做2万道题目。笔者在做学生时，一般练习和复习都比较快，有时候不太明白其他同学为何不一样。实际上，笔者忽视了足够量的练习对于掌握原理、理解知识、获得应用的作用，总以为知晓了基本的定义、定理、定律，就能"以不变应万变"。其实错了，所谓"举一反三""触类旁通"是指具备丰富信息、掌握大量经验前提下的反应，书本上的结论和方法是抽象的陈述,没法涵盖各种实际问题的具体情况和意外可能,理解定理的内容和反复练习两者是相辅相成、互为前提的,它们之间的距离要靠平时的锻炼和日常的积累来弥合。不过对数学例外,比如学《高等数学》时,笔者买了数学系用的《数学分析》看,借《吉维多米奇习题集》做,这主要是兴趣使然。学习就是获得知识和积累经验的过程①。数学学习的基本目的通常有二:锻炼思维,解决问题,两者不能割裂,没有一定量的解题经验,很难锻炼思维;没有良好的思维方式,则不利于寻找解决问题的途径。

"学习"是个人成长的必然要求,也是人工智能的经典话题。"学习"不只是积累,不仅仅是从环境得到信息,更重要的是"去粗取精、去伪存真、由此及彼、由表及里"[31]的过程和能力。理论上讲,这个能力要么是伴随成长而来的,要么是被告知的。如果是"告知",什么内容可被告知?人自身说不明白从小到大的学习是怎样的神经机制和脑内过程。概略而言,"实现人工智能的长远目标的捷径将可能包含人的设计与进化两者"[31]。

西蒙指出,几秒钟内完成的诊断表现为一种直觉的过程,一个人只有对非常熟悉的东西才会有直觉。比如,丘奇—图灵论题说,对于任何可计算某一函数的有效步骤,都存在一个能够运行计算这个函数步骤的图灵机。其中,"有效步骤"是直觉概念,而不是形式概念[32]。爱因斯坦认为,"日常思维的基本概念与感觉经验的复合之间的联系,只能被直觉地了解,它不能适应科学的逻辑规定。全部这些联系——没有一个这种联系是能够用概念的词句来表达的——是把科学这座大厦同概念的逻辑空架子区别开来的唯一的东西"[33]。他在悼念居里夫人时说:"居里夫人一生最伟大的成就的取得,不仅是靠着大胆的直觉……"[33]他还在纪念哥白尼逝世410周年时说:"要令人信服地详细说明太阳中心概念的优越性,必须具有罕见的思考的独立性和直觉……"[33]文艺中也类似,"如果创造性直觉缺少,一部作品可能完全地形成,但他什么也不是;艺术家什么也没有说。如果创造

---

① 有次笔者给一位博士生谈一个移动终端应用的模式分类问题,笔者让他用正在学习的神经网络做试验,他说样本少,不能学习,只能用一一比对方法。笔者说,如果一万种模式,每次都一一比对,速度很慢,现实吗(先不谈如何正确地比对的问题)?他说,神经网络一样慢。笔者说,这是忽略学习的作用导致的结论:学习就是训练和记住模式而不是临时一一计算(先不谈如何很好学习的问题),这是效率的保障,是"智能"的主要来源,理论上的优势不用赘言,实际如何当然需要尝试。由此可知,有时要让大家理解学习这个基本概念也非易事。笔者有时为了省时间、提高效率,将问题凝练后给大家,但大家往往抓不住本质问题而对枝节追根问底,到头来只是兜了个圈子。人从经验中学习也不习惯,何况计算机。

性直觉呈现出来,并在某种程度上进入作品之中,那么这部作品存在着而且向我们述说……"[34]而在日常生活中,天朗气清、太阳高悬时,下雨几乎是不可思议的事情,但生活中有这样的情景,时间久了,只要听到淅沥的雨声和滴答的水声,哪怕没有乌云,没有雷声,甚至晴日依旧,我们也能作出下雨的判断。

3.6 本章概要

隐性知识的积累是从专业学习开始到不断应用的反馈、迭代过程,如图 3-3 所示。

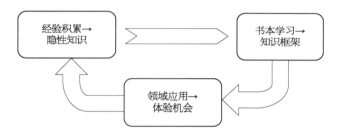

图 3-3 隐性知识积累。通常,书本学习是知识获取的主要来源和基本手段,在此基础上可进行领域实践或实际应用,经过一段时间的实践、对照、反思、总结,能力得以提高,并逐步形成自己的经验,从而专业素质日益完善,它们将更新原有知识或成为新的知识

- 经验是个人智慧的重要部分,独特的领域经验是一个专家之所以成为专家的前提;
- 隐性知识是具体领域当中长期实践的结晶,其表达和推理是人工智能的一项核心任务;
- 计算机辅助诊断可以是专家系统的一个更恰当的表述,尽管内容经典,但其中有大量需要探索和实现的具体工作。

后面两章在本章基础上介绍隐性知识学习的两个具体例子。

古人学问无遗力,少壮工夫老始成。

纸上得来终觉浅,绝知此事要躬行。

——陆游《冬夜读书示子聿》

参考文献

[1] 梁培宽.梁漱溟先生手迹选.北京：世界图书出版公司北京公司,2012：7.

[2] 莫里斯·克莱因.古今数学思想(第一册).张理京,张锦炎,江泽涵,译.上海：上海科学技术出版社,2002：262.

[3] 克利福德·格尔茨.地方知识——阐释人类学论文集.杨德睿,译.北京：商务印书馆,2016：123,145.

[4] 鲁迅.看书琐记//鲁迅全集(第五卷).北京：人民文学出版社,1981：530.

[5] 爱因斯坦.关于理论物理学的方法//爱因斯坦文集(第一卷).许良英,范岱年,译.北京：商务印书馆,2010：445.

[6] 爱因斯坦.要大胆思辨,不要经验堆积//爱因斯坦文集(第一卷).许良英,范岱年,译.北京：商务印书馆,2010：757.

[7] 康德.康德美学文集.曹俊峰,译.北京：北京师范大学出版社,2003：326.

[8] 丘成桐.数学与中国文化的比较.科学,2006,58(1)：7～13.

[9] 毛泽东.毛泽东文集(第八卷).北京：人民出版社,1999：325.

[10] 梁漱溟.人生至理的追寻：国学宗师的读书心得.北京：当代中国出版社,2008：143.

[11] 徐宁,倪晓英.贝聿铭与苏州博物馆.苏州：古吴轩出版社,2017：54.

[12] 袁妲.袁隆平谈人生.长春：长春出版社,2012：53.

[13] 王鹤滨.走近伟人：毛泽东的保健医生兼秘书的难忘回忆.北京：长征出版社,2003：125.

[14] 鲁迅.不应该那么写//鲁迅全集(第六卷),北京：人民文学出版社,1981：312.

[15] 沙奎尔·奥尼尔,杰基·麦克穆兰.未剪辑的沙克：奥尼尔自传.谢泽畅,陈璐,译.南京：译林出版社,2012：196～197.

[16] 鲁迅.人生识字糊涂始//鲁迅全集(第六卷),北京：人民文学出版社,1981：295.

[17] 王小平.我的兄弟王小波.南京：江苏文艺出版社,2012：92.

[18] 黄仁宇.黄河青山：黄仁宇回忆录.北京：生活·读书·新知三联书店,2001：66,405.

[19] 迈克尔·波兰尼.个人知识.许泽民,译.贵阳：贵州人民出版社,2000：152.

[20] 郁振华.人类知识的默会纬度.北京：北京大学出版社,2012：18.

[21] 郁振华.当代英美认识论的困境及出路——基于默会知识维度.中国社会科学,2018,7：22～40.

[22] Nijholt A. Computational deception and noncooperation. IEEE Intelligent Systems,2012，27(6)：60～61.

[23] 董军.隐性知识学习——以临床模拟为例.智能科学与技术学报,2021,3(4)：492～498.

［24］王蒙.王蒙文化学术随笔.北京：中国青年出版社,1996：124～125.

［25］李敖.胡适评传.上海：文汇出版社,2003：59.

［26］拉尔德·M. 埃德尔曼,朱利欧·托诺尼.意识的宇宙：物质如何转变为精神.顾凡及,译.上海：上海科学技术出版社,2019：14.

［27］朱新明,李亦菲.架设人与计算机的桥梁——西蒙的认知与管理心理学.武汉：湖北教育出版社,2000：128～132.

［28］顾吉环,李明,涂元季.钱学森文集(卷四).北京：国防工业出版社,2012：73.

［29］西尔维亚·娜萨.美丽心灵——纳什传(上).王尔山,译.上海：上海科技教育出版社,2000：181.

［30］毛泽东.实践论//毛泽东选集(第一卷).北京：人民出版社,1991：282～298.

［31］Lee S. Evolution of artificial intelligence. Artificial Intelligence,2006,170：1251～1253.

［32］R. M. 哈尼什.心智、大脑与计算机：认知科学创立史导论.王淼,李鹏鑫,译.杭州：浙江大学出版社,2010：114～118.

［33］爱因斯坦.物理学与实在//爱因斯坦.爱因斯坦文集(第一卷).北京：商务印书馆,2010：480,475～476,811～812.

［34］雅克·马利坦.艺术与诗中的创造性直觉.刘有元,罗选民,等译.罗选民,校.北京：生活·读书·新知三联书店,1991：56.

4

心脉图谱见微知著

来（甲骨文）[1]

医生在诊断一个病例时所涉及的乃是个别的事情,依靠的是所备有的关于生理学等方面的一般原理。如果没有这些,他是不能进行工作的。不过他并不企图把这个病例归结成为某一些生理学和病理学法则的确切例证。他是在利用这些一般性的陈述,帮助指导他去观察这个特殊的事例[2]。

——杜威(J. Dewey)

浅学曾念知行易,静思方明模拟艰。

书本上的医疗诊断规则有的概略,有的笼统,因而可设问如此诊断是否恰当表征了人类的认识:那是宏观把握与细节观察的交替,也是基本而又典型的抽象思维与形象思维结合过程,技术上仅靠推理或学习都不够,需要它们的互补机制;不但要重视数值特征,还需分析形态参数,然而其刻画颇为不易,有赖于借助不同的间接手段;只有充分把握医生经验,得到不同的隐性知识向显性知识转化方法,才能恰当地映像诊断思维。

4.1 临床需求

简略而言,心电(心脏电生理活动信号)的可视化就是心电图,心电图是心律失常等常见心脏疾病的基本检查指标,其上的每个微小变化都可能表征了某种疾病,快速、便捷地为百姓提供相应的监护或诊断服务是技术工作者的任务。快速是指尽量实时地获得检查结果并给予建议,有的心血管疾病发病急骤,允许的抢救时间有限;便捷是指检查方便,最好在基层甚至家中就能进行。这两者在传统意义下有一定的矛盾,而信息化、网络化、便携化、移动化、智能化技术可望解决问题,面向基层常见心血管疾病监护与诊断的服务系统如图4-1所示:体征信号(如心电图、脉象)通过网络传输到"云端",接着获得诊断结果,从而把好医生"移"到身边,让好服务"沉"向基层,实现无论何时何地可监护甚至会诊服务。

其中,计算机辅助诊断方法有着迫切的现实需求和广泛的应用前景。诊断作为与健康分析、疾病治疗密切相关的判断病情、确定症状的关键环节,与预防、康复、体检、监护平行不悖地发生作用,并已日益渗透到百姓的生活当中。从家庭日常的量血压、测血糖,到体检中的心电图采集、胸片拍摄,

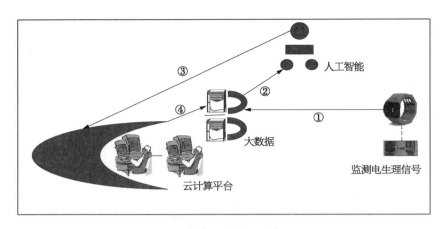

图 4‑1　心血管疾病监护云平台 ABC‑DE
① 体征采集①,② 机器分析,③ 专家交互,④ 数据存储

以至于医院里磁共振、计算机断层扫描成像,都是筛查疾病的基本手段,这种情景自然而然地呈现了广义的计算机辅助诊断的作用,因其不同程度、或多或少地依赖了计算过程和计算机技术:有的是较为简单的微处理器,有的则是性能良好的专用计算机。计算机辅助医疗诊断是医生利用计算机提供的信息或处理结果进行疾病诊断而不仅仅是信息采集。这里有两个层面的基本内涵。

第一,这是医生的诊断过程,但不是诸如中医那样仅靠"望、闻、问、切"就能辩证识症、开方出药,而是要借助甚至依赖专门的计算设备获得初步信息才得以进行。众所周知,现代中医往往也离不开基本的医疗检测设备。

第二,这是借助专用设备对某些生命体征或生理图像进行了特定处理以后的诊断过程,通常不是全部交由计算机作分析,这不仅指检测设备的安放、启动要由人来做,而且基本结论(至少疑难杂症)还得由医生下②。

就如关于计算机,乔布斯表示[3]:"其创意目的并不是赞美计算机可以做什么,而是赞美富有创造力的人们在计算机辅助下可以做什么。"人的作用始终不可或缺。

---

① 在企业平台上获得医疗器械注册证并进入市场的无线心电图终端,以及在研的脉象感知终端。
② 笔者有次体检后知肺部多一结节(是此前未见的),后一次不见了(三家不同体检中心)。中间那次据说设备最先进且用了人工智能分析软件,此例表明计算机辅助肺部诊断效果一定程度上已超过普通读片医生。

计算机辅助心电图分析工作通常包括数据预处理,特征选择、识别与提取,症状分类三个环节。第一个环节要滤除或降低噪声(无用信号),加强或突出有效信号的特征;第三个环节是根据特征(第二个环节)得到分类结果,有赖于前两个环节,尤其是第二个环节。有时候第二、第三个环节因互相耦合而不予区分,有时候直接将心电图记录作为输入,其输出就是最后结果。图4-2是心电图波形及其特征示意,有两个心动周期(或心搏),包括特征幅度、间期、斜率、形态以及平均趋势等,它们本身及其特征的组合就构成了一种种疾病的判断依据,正常心电图自然也由一组特征组合表示。医生在诊断过程中关注特征、特征间的关系及综合结果。每个心搏的 QRS 波群或主波即 R 波识别是心电图分析的基础。临床上完整的心电图包含 12 个导联的信息,为此,要从宏观到微观分层对待整体特征而不仅是单个导联或某个心搏的特征。

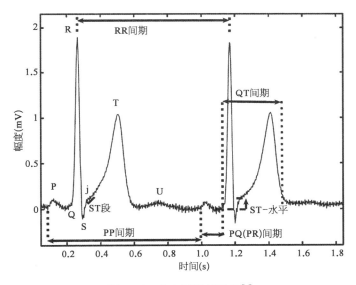

图 4-2 心电图特征示意[4]

数十年来,利用从逻辑推理到知识工程、从决策树到模板匹配、从支持向量机到深层神经网络等,包括傅立叶变换、高斯模型、隐马尔科夫模型、主成分分析、独立成分分析、小波分析、线性判别分析等特征提取方法,计算机辅助心电图分析工作有丰富的阶段性成果[5,6]。其准确性都超过了 90%,有的甚至高达 99% 以上。然而,面对实际的临床数据,性能急剧下降。基本原因如下。

第一，测试数据规模很有限，比如标准数据库 MIT - BIH - AR(MIT - BIH Arrhythmia)[7]。该数据集虽然能够提取出 10 万多个心搏，但仅来自 47 个病人的 48 条记录，每条心电图记录均由 2 个导联的数据组成，时长约 30 分钟，且并非所有导联都相同，仅有 40 条记录均有 II 导联和 VI 导联数据。此等数据库上的测试降低了问题的复杂度。

第二，它们是病人内的数据分类，其特点是训练集和测试集包含同一个病人的不同时刻的心搏，而病人间数据分类用的训练集和测试集的心搏所属个体没有交集。基于 AAMI 标准[8]和 MIT - BIH - AR 构造由来自不同记录的心搏所组成的训练集和测试集的工作[9]，一定程度上考虑了个体间的差异，此时算法性能下降明显。

第三，忽视临床要求。有研究[10]针对心电图的两个导联的数据分别构建分类器，然后通过贝叶斯方法进行融合、选择而增强可信性，在 MIT - BIH - AR 上效果同样很好。但这样的做法有两个显然的问题，一是不同导联的不同特征有不同的疾病表征意义而不能互相替代；二是临床诊断依赖于全导联，而不仅仅是两导联信息。

《IEEE 生物医学工程汇刊》过去一个月下载次数最多的论文中一度不止一次是心电图 R 波检测方法[11,12]。该刊新近发表的研究工作中的心电图分类方法[13]在 MIT - BIH - AR 数据库上的准确率为 99.81%，而我们提出的方法[14]取得了当时最高准确率 99.86%。然而，这种提高在临床上意义不大。

我们的根本任务是实现模拟领域专家思维过程的计算机(网络)环境，完成原来完全依靠有经验医生的诊断工作，而非仅仅在标准数据库有限数据集上得到好的结果。有人觉得这不必强调，事实上，对于复杂的思维过程，教科书上可参考的规则与例子往往不见诸多细节和微妙之处。因此应当特别关注专家思维过程中尚未表述或难以表达的内容，即隐性知识，这可导致算法性能的差异。

我们在过去 20 多年的计算机辅助心电图分析的研究与应用过程中，在逐步满足实际需求的同时，形成了包括医学经验中隐性知识学习、形态特征识别、在训练集和测试集中区分病人个体数据和病人间数据、构建开放数据集以及设计针对不同特征的分类器的方法，进而达到模拟领域专家思维过程的目的。

这里强调"辅助",即不是要让计算机完全替代人,而是给人以帮助,相应的算法可以在网络医院的服务器上运行,帮助医生进行正常、异常信号的分类或常见心律失常疾病的诊断,提高工作效率;也可以简化后在终端上工作,为最终用户提供实时的参考,使之及时得知自身状况。

2007 年关于 GE 心电图机的诊断结果有个统计,共有 1 858 例心电图,总准确率为 88.0%,其中窦性心律的心电图判读准确率为 95%,非窦性心律的判读准确率仅为 53.5%[15]。2012 年的类似工作统计了 576 例心电图,发现 Philips Medical 的准确率是 80%,Draeger Medical Systems 为 75%,而 3 名普通医生的心电图判读准确率平均为 85%[16]。随着这些年技术的进步,算法"水平"逐步提高,然而医学涉及的不单单是演绎推理、统计思维,而是复杂的因果网,有经验的医生不但具备丰富的领域知识,而且在实践过程中对知识系统进行了良好的整理,尽量消除了各种冗余,使之具有良好的层次结构,因而,计算机辅助诊断领域依然有很多工作要做。

4.2 整体判读

就疾病分类而言,区分正常与否是一种分类;区分心律失常、高血压是一种分类;区分早搏、动脉粥样硬化同样是一种分类,它们的出发点和粒度都不同。图 4-3 是 MIT-BIH-AR 标准数据库中标记为"正常"的心电图记录,实际上据医生告知是间歇性预激,主要特征为主波 QRS 波群宽大畸形、起始段有预激波(δ 波),伴 ST 段和 T 波改变,PQ 间期缩短,正常心电图与间歇性预激交替出现。

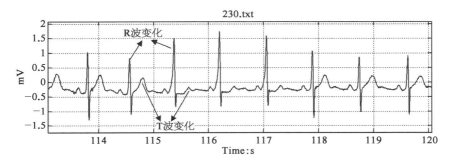

图 4-3 在 MIT-BIH-AR 中被标为正常的异常心电图

MIB‐BIH 误标记的原因是其所用的判断规则中遗漏了医生实际使用的一些经验,比如观察动态变化以把握全面情况。图 4‐4 是正常心电图,2~4 s 箭头处是突发噪声导致的信号下移,导致提取 ST 段、P 波形态、PR 间期等特征时出错,由于不易排除该噪声,现有的分析算法常常将其误判为异常。

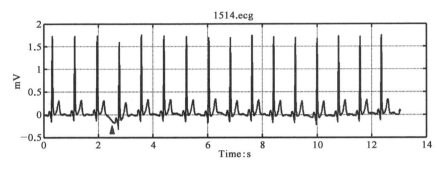

图 4‐4　正常心电图

图 4‐5 中,医生通过 RR 间期这一直观参数,能够很容易找到 RR 间期突变的心搏(8~10 s 处),根据脑海中模板,辨别出它是房性早搏,是实际可能出现的突变心搏,该心搏将作为一个重要结论出现在诊断结果中。而对于在 2~4 s 处的 T 波异常的突变心搏,理论上不会突然发生,是噪声所致,医生将忽略之。

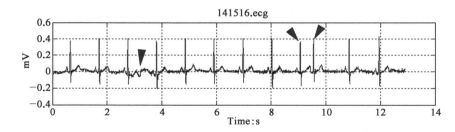

图 4‐5　窦性心动过缓,肢体导联低电压偶发房性早搏 T 波低平

归纳而言,临床诊断中,有经验的医生面对心电图作如下处理。

第一,整体把握:先看是否有大的异常噪声(比如大于主波),突变信号通常不会是心电信号,此类信号可直接放一边;同时关注节拍、形态等是否大致一致;有时单个心搏似乎接近于正常类型,若结合前后数个心搏,则可以发现比较明显的病变性质;反之,单个导联可能有部分特征不正常,结合病史及其他导联的情况则没有问题。

第二,心搏分类:寻找心电图中的"平均心搏"和"突变心搏",出现较多的一类可划归为"平均心搏",该类代表了总体情状,包括平均间期、大致幅度、相似程度、对比关系、变化趋势等。短时间内,疾病导致的突变可能性较小,此时当略过不合理的"突变心搏",寻找代表性心搏。

第三,交叉处理:提取心搏之间局部特征和对比关系,有的心搏可能同时表现了某两种疾病的部分特征,有时候两种疾病特征在连续心搏间交替存在,大多数特征都处于临界位置。一条心电图记录只允许出现某些种类的突变心搏,对于不会出现的突变心搏,可直接判断为噪声或无效心搏。

计算机辅助分析则还要考虑系统的性能、指标的范围、运算的效率等。相应地,以往的分类器设计工作中则存在一些共性问题。

第一,忽视医生的介入,缺乏对医生识别诊断过程的理解,特别是忽视了医生经验的作用,有"自言自语"之嫌。

第二,部分数据的测试会使结果"太好",需要更大规模的数据库;而盲目应用某种数学工具的结果往往难陈其详。

第三,医生把握症状是由宏观到微观的过程,形态特征十分重要。图 4-6、图 4-7、图 4-8 是 QRS 波群及 P 波与 T 波的一些形态特征例子[17]。

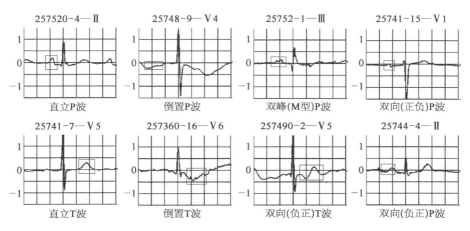

图 4-6 P 波与 T 波的形态

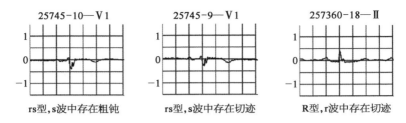

图 4 - 7 QRS 波群中的粗钝与切迹

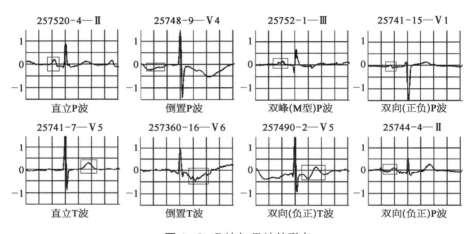

图 4 - 8 P 波与 T 波的形态

  QRS 波群中不同正向与负向波(子波)的组合与命名方式是:第一个向下的子波称为 Q 波;第一个向上的子波称为 R 波;R 波之后的第一个向下的子波称为 S 波;R 波之后的第一个向上的子波称为 R′波;S 波之后第一个向下的子波称为 S′波。通过不同的 Q、R、S、R′和 S′的组合,能够产生诸多不同的 QRS 波群形态。例如,完全正向的 QRS 波称为 R 型;完全向下的 QRS 波群称为 QS 型;其他还有 QR、qRs、RSR′、rSr′等。这里大写的子波字母用于表示振幅较大的子波,小写的字母标示振幅较小的子波。目前临床上尚未能给出统一的振幅大与小的边界值,而幅值的比例是可以参考的又一种参数。

  医生判读的结果或计算机辅助心电图诊断的目标如图 4 - 9 所示。

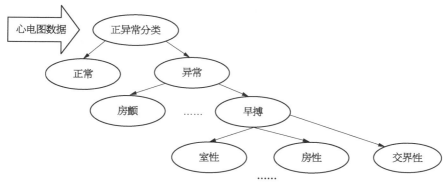

图 4-9 分类层次结构

4.3 启发内省

在科研活动中,逻辑思维是必不可少的,它往往意味着概括、缩略、精简、归纳等,这同时也可能导致信息的不全或丢失。比如中国科学院苏州纳米技术与纳米仿生研究所,简称中科院苏州纳米所或干脆叫作纳米所,别人一听,就以为都是从事纳米科研的,实际上人工智能与"仿生"有关,由于简略的缘故,产生了误解或歧义。当然,人工智能离不开信号感知载体即传感器技术,这是与纳米技术有关的工作,这需要进一步解释才能被理解。

很多知识的理解与应用有类似情况。教科书里现成的被整理好的规则是归纳出来的规范的知识,有代表性但往往是示例性的。心血管系统专家王士雯院士说过:"一个有经验的大夫和一个刚毕业的医生的重要区别是,刚毕业的医生主要是凭书本上的知识,于是容易犯简单化的毛病。"[18]

知识不仅依赖于自然获得的、关于世界在发生什么的经验,而且依赖于人为地、有目的地设计的实验,这些实验被用以产生在正常的自然过程中不能观察到或至少是难以观察到的现象[19]。从"知觉"和"注意"着手,设计认知心理学实验以图寻找医生诊断过程中视觉跟踪的机制和注意点,获得新的特征及其集合是一个途径。例如,利用眼动仪,分别记录普通人及专家读心电图时眼睛的运动、注意过程和聚焦点,甚至结合功能性磁共振成像技术同步记录大脑的活动情况,寻找心电图中被特别关注的特征集合。

这个过程依靠医生自我的反思、追索和比照。构造主义心理学是冯特(W. Wundt)和他的学生铁钦纳(E. B. Titchener)创立的第一个心理学学派,认为心理学的研究对象是意识经验或直接经验,而对主观经验进行观察的内省过程是其主要的实验途径。由内省而逐步了解细节,对人而言是明确的,同时又是困难的任务,很多事情"妙不可言",无法用语言描述或表达。《论语·颜渊》云:"内省不疚,夫何忧何惧?"提倡"见贤思齐焉,见不贤而内自省也",其内省的出发点是为人处事的道德层面的完善或修正,反省的对象是每天的个人经历和内心世界,它们的内容可能是纷杂、零散的。而诊断等专业领域的隐性知识有具体的针对性,对其内省有助于将其转化成显性知识。

也有"内省"而不得结果的情景,比如对"畸形"之类的概念如何刻画就十分困难,原因是目前没有良好的数学描述手段。而医生给出的判断规则并不能完全表达出医生的完整思维过程。我们只能以医生已经表达出的知识为基础,利用不同的方式去"学习"医生没有能表达出来的知识。若能保持诊断规则核心思想不变,设计间接规则进行判别也有效。比如早搏,对前后相连心搏做相似性比较(间接规则),判定相对容易。不同数据集上的不同方法的测试结果的不同,让人逐步体会和认识到了差异背后的原因,并导致诊断规则的精化。

一般来说医生给出的诊断规则未必包含全部的特征细节,或包含了一定的冗余特征。严格按照医生规则来设计分类算法,将难以处理不可避免的结果不一致问题,以书本中关于窦性心搏的判断规则为例:

(1) P 波形态正常;

(2) PR 间期>0.12 s;

(3) 规则的 PP 间距突然出现窦性 P 波脱落,形成较长 PP 间距,且长 PP 间距与正常 PP 间期无倍数关系;

(4) 过长 PP 间距之间可见逸搏或逸搏心律。

上述诊断规则中的"突然""较长""过长"等词语的含义均不具体,也难以由计算机处理。修改后的规则如下:

(1) P 波出现在每个 QRS 波群前,规则的 PP 间期中出现长 PP 间期(长

PP 间期：PP 间期＞1.5 s）；

（2）长 PP 间期不是正常 PP 间期的倍数；

（3）PR 间期：0.12～0.20 s；

（4）QRS 波群：＜0.11 s。

此时就可以用程序实现了。我们根据书本整理了近 30 条常见心律失常的判读规则，请有经验的医生提出修改意见[①]，然后据此在仿真环境得到初步结果，它们与医生的诊断有差距。我们以医生关注的特征为线索和依据，以现有资料为参考，与医生进行互动。所以进行验证是必不可少的，这是一个实验运算——结果分析——矛盾发现——规则精化——再次实验的不断完善的过程。我们的实践、医生的经验和对隐性知识的挖掘，使我们获得了一套符合实际情况的诊断规则。由于医生的整体思维过程是难以完全由规则本身表征的，我们还将利用机器学习方法捕获难以被"和盘托出"的隐性知识。

 4.4　特征选择

计算机辅助诊断中的特征选择、特征识别、特征提取[20～22]十分关键，然而不分青红皂白对原始数据提取数理特征的做法并不可取，简单的线性变换或积分变换不足以刻画本质，而将原始高维数据降为低维数据的过程难免丢失信息。另外，在某个数据集没有贡献的特征，在另一个数据集可能有贡献。自然地，应该回到对原始数据提取临床诊断特征上，笔者由此想到的问题是，目前所识别的特征是否是分类的充要条件，一方面，目前所识别的特征是否均有同等程度的重要性；另一方面，是否还有未被重视的特征。特征指代表性指征，一方面希望就此能洞若观火，另一方面恰如其分即可，就如演员拍戏前准备需要清晰的镜子，如果练功矫正动作，或许电视机的大屏幕即够。

再以心率分类为例：临床上心率小于 60 次/分钟为心率过缓，大于 100 次/分钟为心率过速，处于 60～100 次/分钟为正常心率，因此，只需要检测

---

① 上海瑞金医院刘霞主任医师给我们的工作以不断的鼓励与长期的指导，我们的算法有如今的结果，离不开刘医生的支持与帮助。

R波,通过简单计算就可准确获取心率,可据心率范围将心电图分类问题划分为 3 个部分,在此基础上,以 RR 间期均匀与否为准则进一步划分出 2 个子过程。由于 R 波检测算法也会出现错检,对于给定时长的心电图数据,若 R 波个数明显过少或过多,则需要额外处理。具体的判定准则有赖于就大量的临床数据做全面分析,也就是说,可以根据已有特征综合出新的特征。

经过心率快慢和 RR 间期是否均匀分析,就建立了一定程度的先验估计。RR 间期不均匀很可能是房性早搏、室性早搏或者心律不齐等,否则可能是传导阻滞或正常情况。综合信号质量和疾病类型的先验估计,以及已检测的 R 波位置,从不同的增强角度进行数学变换,再根据先验估计、多导联互参可较好地定位各特征点。

于是,有了包括 RR 间期是否均匀在内的一些间接特征。比如,相似度特征:由于同一个人同类型的心搏具有相似性(不同人之间相同类型的心搏则未必,有时相差较大),不同类型的心搏则表现出某种差异。因此,在同一条心电图记录内对前后相连的若干个心搏作相似性评估,比如对早搏可有效判定。突变心搏特征:在同一心电图记录内利用相似度对心搏聚类,把元素较多一类划分为"平均心搏"(整体情况),其余则是突变心搏,代表疾病或者噪声导致的无效心搏。突变心搏并不能直接据以判病,但可以给后续分析提供一定程度的先验估计。结合这类特征对分类分层次划分,可形成不同的分类器。

深层神经网络技术普及后,多数工作直接将原始数据输入给神经网络,这与信号处理、特征识别、模式分类分阶段对待有异。脑内过程到底如何总有其普遍机制,而智能模拟以效果为要,说明一方面不必都如脑内过程,另一方面完全映射之困难。也许分阶段是认识不足时的权宜之计。

筛选特征、组合特征、加权特征等与科学哲学中知识"证伪"相合。波普尔(K. Popper)指出"证实"一说不能明确区分科学和形而上学,那里有看上去规范的论证。"证伪"说用在科学上容易让人生疑,它针对知识为真并非"放之四海而皆准",同时蕴含了科学知识的开放性,若非如此即知识不能为伪,那就如同宗教了。新知识的获得、新认识的呈现多出现在理论已不适用并与实践不一致时,时代呼唤尚不"显式"的知识或者新理论面对之。

隐性知识逐步显式化可说是显性知识被证伪（原来的书本知识不完整或不确切）的过程。知识体系之所以可为真，是因为至少其内部各个真命题之间能相互支持，且与实际状况不发生矛盾，然而人类知识具有不完备性、不确定性和不一致性和逐步显现等特点，其中不完备部分所缺失的可能是未知的知识和没有被显式表示的知识，因此知识需要不断被更新或完善。当某个命题被"证伪"了，可修正该命题，比如心电图诊断规则的精化，这与软件不断通过调试完善类似。

若言知识只能"证伪"①，则绝对化而且例子太少，比如相对论超越了牛顿力学，若把超越相对论作为目标则几乎不可为，至少目前物理学家不会那么干。这也反映翻译用词、知识共享的一个侧面，尽管各种语言对等从而可以互译，然而微妙内涵、语义差异难以到位，其实即便本国语言的理解也有类似问题。所以"证伪"一词本身也可"证伪"，以使其更符合中文语境，知识的精化、理论的完善、认识的上升等可能更容易理解，也更符合其意。广义而言，亦可谓是隐性知识。

4.5　分类设计

设特征提取函数为 $g(x)$，分类函数为 $h(x)$，则心电图决策函数 $f(x)$ 即为复合函数 $h(g(x))$。机器学习方法在此作用显然，然而并非"一手遮天"起了主导作用，主要的机器学习方法借助于核方法和人工神经网络。1995 年，凡普尼克（V. N. Vapnik）以其统计学习理论为基础，在感知器基础上提出了支持向量机，基本思想是利用核函数把低维空间的非线性问题映射为高维空间的线性问题[23]，优点是网络结构可自适应调整，由于是凸问题使得对参数优化变得容易；缺点是训练样本不能过大，其最终确定的决策函数又完全由训练样本决定，这是一个矛盾。因而，交给支持向量机的特征数最好少而又具有足够的可分性，它需要好的特征识别方法来支持。人工神

---

① 很多年前笔者购过的《猜想遇反驳》《客观知识》等书，当时没仔细读，现在联系到自己关心的问题，这本身不知是否也算是隐性知识的一种显式化。在中医现代化、中医智能化的工作中，笔者也用"证伪"一词，其意是站在第三方角度用计算机、人工智能技术对中医传统理论中一些具体结论作分析。比如中医经典中关于脉象的描述是否经得起推敲，可以通过对采集到的脉象信号进行若干比对后得到基本结论，从而"证实"，若"证伪"则表明该结论与常识相矛盾，这是否定性结论而非改进性实验，严格言与波普尔的"证伪"非同一层面概念。

经网络的优点是其最终的决策函数可由用户通过指定神经元及其层数确定,并且在大规模样本训练时有优势,这些是支持向量机不具备的。但这导致其网络结构设计方面的问题,而更大的缺点在于参数的调整。改进方案是融入一些机制,帮助神经网络更有效地调整参数,如结合领域知识设计相关步骤等。

深层神经网络得以提出和推广后[24,25],在计算机视觉、语音处理、自然语言处理等人工智能的经典领域取得了显著的应用效果[26],其中首要涉及的是卷积神经网络(convolutional neural networks,CNN),它先在手写字符识别这一二维图像理解任务中获得出色成果[27]。多导联心电图的数据形式类似于二维图像,是一个矩阵,可直接采用二维结构的卷积神经网络进行训练和分类。这种卷积神经网络一般对行方向和列方向数据均进行卷积计算,对图像而言是合情合理的(行方向和列方向数据均是相关的),但对多导联心电图并不合理,因为导联内数据是相关的,而导联间数据是独立的。不同导联都具有各自内在的属性,应有各自最佳的卷积核。在针对非线性函数拟合能力分析现有的数理特征提取算法(主成分分析、小波变换、高阶统计量、功率谱等)和分类算法(高斯混合模型、支持向量机、高斯过程、传统神经网络等)的基础上可以发现它们在拟合复杂非线性函数上的不足,由此设计并逐步完善了基于多导联心电图这种特殊的二维结构设计的卷积神经网络[28]。

由于导联内数据是与时间相关的,采用卷积计算是合情合理的;但导联间数据是独立的,若要进行卷积计算,则不同导联所有不同组合情况都应这么做。然而就现有方法而言,无论怎样设计卷积核,都只能实现部分导联的卷积融合计算。既然卷积计算有这样的问题,就将不同导联间的卷积计算去掉,使得每个导联均有 3 个卷积单元,不同导联间的卷积单元互不相干。针对互相正交的 8 个心电图导联数据,共有 24 个卷积单元,而根据传统的卷积神经网络设计只有 3 个卷积单元。每个导联的心电图依次通过最适其自身的 3 个卷积单元,之后汇总各导联信息做最后的分类①。

针对正异常分类,原始数据被平均分为 44 组,如表 4 - 1 所示。其中,"0"组的正异常数据是平衡的,该组用于验证中间训练过程的效果。

---

① 稍详内容见附录 1"网络计算"。

如果直接用测试组验证,测试组的特性可能会被"学过去",影响算法的泛化能力。

表 4 - 1　数据组织

序号	组	正常	异常	总数	比例
1	0～22	9 154	3 726	12 880	71.07
2	1～22	8 874	3 446	12 320	72.03
3	0	280	280	560	50.00
4	23～43	8 001	3 759	11 760	68.04

对心电图分类方法的效果评估通常采用灵敏度(sensitivity,Se)和特异度(specificity,Sp)等来衡量,其定义分别为:

$$Se = TP/(TP + FN)$$
$$Sp = TN/(TN + FP)$$
$$+P = TP/(TP + FP)$$
$$-P = TN/(TN + FN)$$

其中,TP(true positive)表示检测出的阳性样本,FP(false positive)表示错误检测出的阳性样本,FN(False Negative)表示漏检的阳性样本,TN(true negative)表示正确拒绝的阴性样本。$TP + FN$ 就是阳性样本数,$TN + FP$ 就是阴性样本数。

$$总的正确率(GCR) = (TP + FN)/(TP + FN + TN + FP)$$

就一条心电图记录而言,起始位置不同,而同样时长的心电图意味着数据空间中的不同点,为了增加可信性,可选择不同起始点的若干数据进行实验(比如选第 1,26,51,76,101,126,151,176,193 点起始的不同数据),于是有 9 个不同的分类结果,取回归输出值的平均作为最后的输出,记为CNNR2(只取一个起始点的数据记为 CNNR1)。表 4 - 2 是两者的比较[29],数据及其意义在后节一起讨论。

表 4 - 2　CNNR1 与 CNNR2 的比较（$FPR=1-Se$，$TPR=Sp$）

类型	$FPR=5\%$		$FPR=10\%$		$-P=95\%$		$-P=90\%$	
	TPR	$-P$	TPR	$-P$	FPR	TPR	FPR	TPR
T	52.3	95.7	70.2	93.7	6.4	57.5	20.0	84.7
V	54.6	95.9	72.8	93.9	7.4	66.4	20.5	86.8

从"分而治之"的角度出发，可通过组合相对简单的函数实现分类，如高斯核支持向量机的决策函数由多个高斯函数方式拟合而成，神经网络的决策函数由多个激励函数以组合方式拟合而成等，从而更复杂的非线性函数就可通过组合与复合多个非线性分类器构造而成。

4.6　方法融合

卷积神经网络可直接输入整条心电图记录，但在给定网络结构下，其非线性拟合能力有限，因而考虑在此基础上实现分类器的集成与融合。融合本身是指相似功能或作用的元素或实体的关联、重组、互补与优化，从而聚集、统一为一个功能更强、作用更大的实体，有自然的过程，如地貌的变化、河川的汇合；有含一定主动性的行为，如民族的聚集、种群的分布；有内外因导致的结果，如机构的合并、方法的集成。抽象思维和形象思维的综合，既是大脑的特性，也是当今众多智能模拟方法互相取长补短的必然要求，因为有的算法长于计算或推理，如规则推理；有的则长于分析、综合，如人工神经网络。不仅如此，前者和后者都有待细分。

就心电图而言，有的是识别 QRS 波群的，如能量谱方法；有的是针对 P 波的，如机器学习方法；有的是面向 ST 段的，如模板方法。更进一步，比如同样是 P 波，有的情况下可选择支持向量机，有的时候还得借助小波变换。融合应是多角度、多层次和多方面的。好的分类器融合策略，既需要对数据的深入剖析，尤其是就出错数据查找原因，又要对不同分类器性能和特点有清晰把握，前者琐碎、量大、枯燥、耗时，后者依赖于前者，又非小数据集上浅尝可止，需要洞察并调整内部结构，测试各类数据。只有这样，才可能让分类器与数据特点匹配，使得它们分工有序而作用协调，进而提升整体性能。因此,面对实际数据,随便选择某种分类器解决不了问题,而缺乏足够量的原始数据,有效的分类器不但不会"飘然而至",甚至分类器的基本性能都难以发挥。多种分类方式[30～32]的有效融合可使效果得以提升。

表4-3和表4-4是分别以CNNR1与CNNR2为基础的融合规则推理分类结果,其中"1"指依赖于RR间期的规则推理,"2"指依赖于QRS波群幅值的规则推理。医生关注 $-P=95\%$ 情况下的TPR。融合的效果是显然的,而且CNNR2优于CNNR1。

表4-3 基于CNNR1的融合结果

融合	$FPR=5\%$		$FPR=10\%$		$-P=95\%$		$-P=90\%$	
	TPR	$-P$	TPR	$-P$	FPR	TPR	FPR	TPR
T	52.3	95.7	70.2	93.7	6.4	57.5	20.0	84.7
T+1	57.0	96.0	72.5	93.9	7.5	66.7	19.5	82.5
T+2	52.5	95.7	70.2	93.7	6.6	59.1	19.9	83.9
T+1+2	60.1	96.2	72.4	93.9	7.7	68.7	18.6	78.5

表4-4 基于CNNR2的融合结果

融合	$FPR=5\%$		$FPR=10\%$		$-P=95\%$		$-P=90\%$	
	TPR	$-P$	TPR	$-P$	FPR	TPR	FPR	TPR
V	54.6	95.9	72.8	93.9	7.4	66.4	20.5	86.8
V+1	61.7	96.3	73.7	94.0	7.8	69.5	19.6	82.9
V+2	55.0	95.9	72.0	93.9	7.3	65.1	20.0	84.7
V+1+2	61.4	96.3	73.3	94.0	7.7	69.1	18.6	78.7

进一步细分规则以后的融合结构如图4-10所示。

预处理后的心电图数据,一方面到QRS波群位置检测模块,然后进入RR间期正异常分类器(有4个);同时到QRS波群幅值提取模块,然后进入

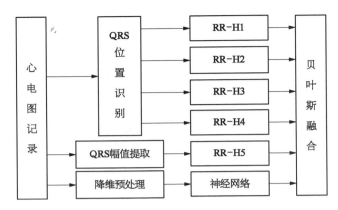

图 4 - 10 规则推理与深层人工神经网络学习的融合

QRS 波群幅度正异常分类器。另外,经过一路降维处理进入卷积神经网络正异常分类器。每个分类器均输出为正常的心电图才是最终的正常心电图,此时医生可专注于异常心电图的后续处理。

深层神经网络输出的是概率值。可采用贝叶斯方法融合 CNNR1 与 CNNR2。不失一般性,若有针对 K 个类的 M 个分类器,对第 k 类的预测可由最后的概率估计 $P(y=i|c_1, c_2, \cdots, c_m)$ 给出:

$$
\begin{cases}
P(y=i \mid c_1, c_2, \cdots, c_m) = \dfrac{1}{M}\sum_{m=1}^{M}P(y=i \mid c_m) \\
k = \underset{1 \leqslant i \leqslant K}{\arg\max}\{P(y=i \mid c_1, c_2, \cdots, c_m)\}
\end{cases}
$$

其中,$P(y=i|c_m)$ 是由分类器 c_m 对 i 类预测的概率值。对于这里的正异常分类,$K=2, M=2$[33]。

小规模测试样本范围为中国心血管疾病数据库 CCDD(后节介绍)中的(data944~25 693),大规模测试样本范围为(data25 694~179 130),见表 4 - 5。

表 4 - 5　训练与测试数据

测试和样本	正类样本	负类样本	总样本
小规模测试	8 387	3 402	11 789
大规模测试	85 141	66 133	151 274

在小规模测试时,总共是 24 669 个样本;再将其划分为 12 880 个训练样本和 11 789 个小规模测试样本,两者数据完全不一样,没有重叠。大规模测试时的数据划分是类似的。

针对上述数据的测试结果见表 4‐6 和表 4‐7。H0 和 H 的区别在于,H0 的输入样本的起始点由原来的 1 个增加到在同一个心搏中随机选择的 9 个,从而拓展样本和学习范围。

表 4‐6 小规模测试 1

模型	Acc (%)	AUC	$FPR=1\%$		$FPR=5\%$		$FPR=10\%$		$-P=95\%$		$-P=90\%$	
			TPR	$-P$	TPR	$-P$	TPR	$-P$	FPR	TPR	FPR	TPR
H	85.41	0.903 4	17.5	97.8	49.1	96.0	68.2	94.4	8.21	63.3	24.7	90.1
H0	86.09	0.912 3	23.6	98.3	55.2	96.5	72.6	94.7	9.22	71.1	24.8	90.9

表 4‐7 大规模测试 1

模型	Acc (%)	AUC	$FPR=1\%$		$FPR=5\%$		$FPR=10\%$		$-P=95\%$		$-P=90\%$	
			TPR	$-P$	TPR	$-P$	TPR	$-P$	FPR	TPR	FPR	TPR
H	83.66	0.908 6	16.0	95.4	53.4	93.2	72.6	90.3	1.81	26.7	10.6	73.9
H0	84.50	0.915 7	19.5	96.2	58.0	93.7	75.1	90.6	2.98	44.0	11.1	77.6

以下是精化后的依赖于 RR 间期的规则的一组形式[29]。设心电图采样频率为 fs,$R_i(1\leqslant i\leqslant n)$ 为一条记录上的主波即 R 波位置,共有 $(n-1)$ 个 RR 间期(即主波时间间隔),则平均 RR 间期如下式所示,可理解为心脏跳动 1 次所需时间(或采样点数)。

$$AvgRR = \frac{1}{n-1}\sum_{i=2}^{n}(R_i - R_{i-1})$$

(1) 心率规则(H1)

$$HR = \frac{60 \times fs \times n}{R_n - R_1}$$

设心率处于 [55,115] 内为正常。

（2）基于局部特性的心率不齐（H2）

连续 3 个 RR 间期超过平均 RR 间期的 15%：

$$\exists k \in [1, n-3], \ \forall j \in [1, 3] \ \text{s.t.} \ \left| \frac{(R_{k+j} - R_{k+j-1}) - AvgRR}{AvgRR} \right| > 0.15$$

（3）基于局部和整体特性的心率不齐（H3）

1 个 RR 间期超过平均 RR 间期的 15%，并且相邻 RR 间期整体变化率的标准差大于 0.05：

$$\exists k \in [1, n-1] \ \text{s.t.} \ \left| \frac{(R_{k+1} - R_k) - AvgRR}{AvgRR} \right| > 0.15$$

$$\begin{cases} RC = \{RC_i\} = \dfrac{R_{i+2} - R_{i+1}}{R_{i+1} - R_i}, \ 1 \leqslant i \leqslant n-2 \\ \text{std}(RC) > 0.05 \end{cases}$$

（4）基于整体特性的心率不齐（H4）

平均 RR 间期整体变化率的标准差大于 0.05：

$$\begin{cases} RA = \{RA_i\} = \dfrac{R_{i+1} - R_i}{AvgRR}, \ 1 \leqslant i \leqslant n-1 \\ \text{std}(RA) > 0.05 \end{cases}$$

（5）幅值计算（H5）

与通常的 R 波幅值计算一样。

规则推理的输出值是"0"或"1"，若四者中有"1"，则深层神经网络的输出与"1"之和的平均便是融合输出的概率值，若四者全是"0"，深层神经网络的输出便是融合输出的概率值，小于 0.5，分类结果为正常，否则为异常。

融合上述规则（分类器）和深层神经网络分类器后的测试结果分别见表 4-8 和表 4-9。

同样关注 $P = 95\%$ 情况下的 TPR。可以看到，随着 H1～H5 的加入，性能较此前（H 和 H0）均有提升[34]。

日常，每天主要的心电图数据是正常的（72%以上）。由表可知，在融合"RR 间期正异常分类器"后，特异性提高到了 67%，$0.67 \times 0.72 \approx 48\%$，即可减轻近半的医生工作量，这是一个具体的、为临床医生所接受的结果。

表 4-8　小规模测试 2

模型	Acc (%)	AUC	FPR=1%		FPR=5%		FPR=10%		-P=95%		-P=90%	
			TPR	-P	TPR	-P	TPR	-P	FPR	TPR	FPR	TPR
H0	86.09	0.912 3	23.6	98.3	55.2	96.5	72.6	94.7	9.22	71.1	24.8	90.9
H0+H1+H2+H3	85.97	0.917 4	25.6	98.4	57.4	96.6	74.4	94.8	9.54	73.6	25.2	92.1
H0+H1+H2+H3+H4	81.13	0.915 7	25.9	98.5	59.3	96.7	74.3	94.8	9.51	73.3	24.9	90.8
H0+H1+H2+H3+H4+H5	79.45	0.920 8	26.0	98.5	63.1	96.9	75.0	94.9	9.71	74.8	25.1	91.5

表 4-9　大规模测试 2

模型	Acc (%)	AUC	FPR=1%		FPR=5%		FPR=10%		-P=95%		-P=90%	
			TPR	-P	TPR	-P	TPR	-P	FPR	TPR	FPR	TPR
H0	84.50	0.915 7	19.5	96.2	58.0	93.7	75.1	90.6	2.98	44.0	11.1	77.6
H0+H1+H2+H3	85.45	0.928 0	30.8	97.5	66.1	94.4	80.1	91.2	4.23	62.4	11.9	83.3
H0+H1+H2+H3+H4	83.76	0.928 5	32.9	97.7	67.8	94.6	79.2	91.1	4.45	65.7	11.7	81.6
H0+H1+H2+H3+H4+H5	82.25	0.929 1	35.4	97.9	68.9	94.7	79.4	91.1	4.54	67.0	11.7	82.1

　　接着正异常分类,各种症状的分类是进一步的具体工作,比如房颤等检测灵敏度、特异性和准确率均近 99%。由于很多其他团队的工作仅限于MIT-BIH 等数据库上的测试,没法在 CCDD 上两两直接比较。就对心电图本身的认识、不同分类方法特点比较、临床需求满足而言,与迄今为止公开发表的结果比我们具有整体上的优势,但临床应用方面有待更大范围的

检验。就个体而言,算法的错误结果风险比单个医患交互要高,但有效算法在诸如提高效率、降低成本、普惠大众方面的回报是显然的。一个在评价指标上表现出色的算法如果没有临床上的实际价值便没有多大意义。

还可先对信号质量进行初筛,比如对较复杂的信号采用统计学习方法,再进行信号质量评估,为后续分类算法提供先验估计。

一般地,心电图的分类也就是要确定一个函数,使得不同疾病类型数据的函数值落入不同的区间。针对常见心血管疾病的不同症状,融合深度学习(深层神经网络)和知识工程(规则推理)的分类器为:

$$f(x) = \Big(\bigcup_{i=1}^{5} f_i(RR \cup QRS) \cup f_{\text{cnn}}(x) \Big)$$

$$\bigcap \Big(\bigcup_{j=0}^{S} g_j(h_{l=1,\,\cdots,\,L}(x) \cup h_{k=1,\,\cdots,\,M}(x)) \Big)$$

这里,RR 和 QRS 波群分别表示 RR 间期和 QRS 幅度,有 5 个依赖于它们的分类器 $f_{i=1,\,\cdots,\,5}$,这些分类器和神经网络分类器 f_{cnn} 分别针对不同疾病进行分类。其结果由后面 $S+1$ 个规则推理分类器 g_i 作二次分类确认,特征识别函数分别为 h_l, h_k,它们各自依赖于对 L 个普通数字特征和 M 个形态特征的识别,其中 M 个形态特征的识别可利用阈值、模板匹配、支持向量机和深层神经网络等方法完成。设心电图数据集 $X = \{x \in R^d\}$,每条心电图记录经分类器最后都会归入某一类:

$$f(x) \in \{\text{Cla}_{i \in \{0,\,1,\,\cdots,\,S\}}\}$$

共有 S 类疾病,再包括正常情况,分类结果有 $S+1$ 种,其中 Cla_0 表示正常类,$\text{Cla}_{i \in \{1,\,\cdots,\,S\}}$ 表示异常类。

我们的研究思路就如康德描述的:"……一个简单的知觉表象就已经包含了杂多感觉的会集和统一……这也就是说,从人们感觉一开始,就有一种统一性于其中,把杂多的感觉表象联结起来,否则这些杂多就只能永远是孤立的、零碎的、乱七八糟的感觉。这种联合综合杂多的统一性,并不是被动接受的感觉本身所能具有,而必须有心灵的主动综合作用才行。这就是所谓'直观中把握的综合'"[35]。

在人工智能的算法研究中,"训练"或"学习"与"测试"或"预测"是两个关联的计算环节,前者指给依赖数据结构的算法以一定数量的数据输入,通过改变其中的参数使之获得某种约束下的"最优"输出性能,而后者是用另外一些数据来检验输出性能的可靠性和适用性。数据规模不同,即意味着需要识别的模式的具体情形的可能不同,数据越多,情形也多,情况也就更为复杂,有些甚至是前所未有的。也就是说,数据规模的扩大增加了可能的未知对象,就如生活在原始部落的人面对现代社会会束手无策、不知所措那样,而身经百战的将军才有可能把握战争的主动权。人的成长就是个逐步学习的过程,尤其是专门领域的能力非一下子的"训练"可获得。另一方面,所用的"训练"数据的量的多少可大异其趣。人因"见多"而"识广","训练"数据若不足或者过少,期望模拟人的思维过程的算法面对更多实际数据时同样有效,则有点像是想"一口吃成胖子",这里难以"四两拨千斤"。

为克服常用标准数据库诸如 MIT–BIH–AR、AHA、ESC、NST、CU 等在代表性方面的不足和限制,满足可实时追加新数据用于训练的要求,我们专门构建了中国心血管疾病数据库 CCDD[36](http://www.ecgdb.com),并开发了相应的如图 4–11 所示的标注工具,协助专家手工标注,目前已有代表性强的近 20 万条心电图记录公开可用。尽管在数据库和算法两方面都增加了工作量,而"工欲善其事,必先利其器"。该工具同时可以引导专家发现数据中的问题或进行诊断规则优化,以免对后续工作造成误导。也就是说,据此也可以发现隐性知识。

在以往的研究中,比如图像处理,由于数据量大,往往通过抽样以获得所谓的"样本",又会用"插值"的方法拟合以恢复原貌。由于视觉感知在精确性方面的差异和容错的特性,即使有所偏差也能接受,或者说不至于会导致不一样的结果,比如摄影。然而,很多其他问题,比如预测、诊断,只有有了较为完整或更具代表性的数据集,才可以从全面的角度和不同的层面观察数据、分析数据、借鉴数据和利用数据。"混沌"效应可导致"差之毫厘,失之千里",而经验的不足必然导致结论的肤浅、偏差。这里需要量与代表性之间的平衡,太多就有冗余,是不必要的。在能够保障结果可靠的情况下,

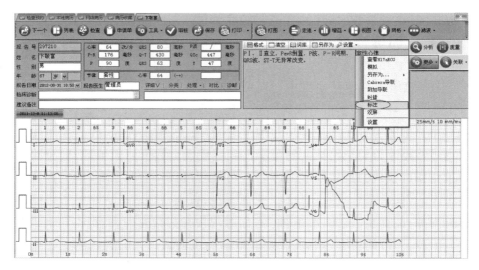

图 4 - 11 标注工具软件界面

数据尽量少就可以减少投入代价,难处在于不易找到"折衷"。如同有不少书籍资料,"大全""全集"等对于已有单行本者显然有重复之处,它们既占空间又不便查询,但单行本本身缺乏全面性和完整性。按需选择是一种可选途径,不然,为了可靠、便利只能将"全集"备上。

4.8 数据规模

这些年来家喻户晓的"大数据"[37]一词原本用于经典的天文学,也源于基因组学,"大""小"界限似乎尚不分明。"大数据"提出的原因,应该是信息化时代存在大量数据,生活面临丰富数据,现实世界被数据"包围了",人们认为其中潜伏着、蕴含着多方面的、复杂的有益信息和相关关系。而我们已有的技术,对大数据以前的数据不见得都已很好"适应"。"大数据"依然将用概率说话,但不青睐用随机分析方法而采用所有数据,可能要牺牲精确性,所以依然未必"确凿无疑"地下结论。

"大数据"应有如下特点。第一,规模。至少与此前所能处理的数据不在一个量级而是要大得多,以致需要新的思路和方法,平行处理、"超算"在理论上在此可用,即便如此,要真正解决问题,需要有针对性的算法和数据组织。第二,分布。数据来自不同之源,这并非说同一地方绝不可能产生如此多的数据,而是指事实上的社会现实如此。第三,类别。异构被认为是"大数据"的一个特征,不过,非异构但规模大的数据同样棘手。比如中国的心血管系统疾病病人数已达 3.3 亿,仅这一类数据就蕴含十分丰富的病症信息,目前没有统一的数据库存放这些数据。如果某天采集到了足够丰富的数据,可以先按照区域、年龄、性别、正常与否、设备来源等作不同的预分类,一方面是借助人的经验降低复杂性,另一方面也可缩小数据规模——单从计算的角度看,这两者越简单则越容易处理,其结果也越可靠。当然,适当忽略微观层面上的精确度会让我们在宏观层面上拥有更好的洞察力。

科学技术本身的进步、发展过程一定程度上有助于我们对大数据这类说法的把握,那无外乎逐步渐进、曲折迂回和突飞跨越几种形式,无论哪种形式,都是对过去的超越和向未来的拥抱。这种过程,可以序数而记,比如18 世纪后半叶,以蒸汽机为代表的第一次工业革命,19 世纪 70 年代后以进入电气时代为标志的第二次工业革命,20 世纪四五十年代以电子计算机、原子能等的应用为标志的第三次科技革命,以及"工业 4.0"等。另一方面,人们往往会自然而然地用一些形容词来表述崭新的阶段。有次在途中翻看所带的十多年前浏览过的《世纪老人的话:王大珩卷》。关于"863"计划的新阶段,宋健院士曾考虑冠以超"863 计划",20 世纪 90 年代曾听当时已调任中国科学院院长的浙大前校长路甬祥院士作报告时讲起:若用"超级"字眼,以后阶段不好办,因此用"第二阶段"之说。宋健先生是经验丰富的科技和管理前辈,也有"短视"之处。事情回头看总是更清晰,具备历史眼光则难一些。这几年,省部级奖冒出诸多"特等",后来,学科评估结果有不少是"优异",再下去不知用什么词。刚设"最高奖"时,笔者想,以后若又嫌不够,用什么说法为好。

"大数据"与人工神经网络的新阶段"深度学习"均有类似的嫌疑。"深度学习"实际上指深层人工神经网络,是机器学习的一种方式,而"深层"本来只是相对以前的浅层网络而言的一种方法。机器学习还包括统计学习等,更不可与人工智能画等号。

虽然如此,"大数据""深度学习"与诸如"物联网""云计算"等的状况是不同的。"物联网"可能是"新瓶装旧酒",至多是具体化了互联网的应用含义,"云计算"则"言词生动"而实质已有其形在先。"大数据"则意味着量变会导致质变——如果没有质变,则没有必要区分大小。至于"深度学习"是由视觉系统的神经机制而来的对传统神经网络的超越——虽然人工神经网络从没有说过不能有多层，只是"深层"的建模很困难。人工智能宏观上指功能，微观上便是结构。

大数据至今已"热"十多年，由此的新机构、新任务、新判断层出不穷，然而有几个当年不会想到的问题，第一，具有大数据的行业，比如医疗，数据基本还是"孤岛"；第二，本来就是大数据的场合，比如互联网数据的利用和分析技术的进步，并非有了大数据概念所致，而电网的数据确实大，但其规律性较为明确，可控性尚好，"大数据"尚乏特别用武之地；非常多的所谓"大数据"应用，其实数据规模颇有限。由此令人反思：是否需要那么多新说法吗？长期看，它们的引领或整合作用怎样、一哄而上导致的无用功甚至浪费有多大？

《红楼梦》有诸多"公案"，最普遍的是，主题是什么？鲁迅曾说：因读者的不同的眼光，《红楼梦》于经学家看见《易》，道学家看见淫，才子看见缠绵，革命家看见排满，流言家看见宫闱秘事……20 世纪就有人利用计算机研究《红楼梦》，比如对一些名词作统计，是否有一些根本性的突破不得而知。人物众多、结构复杂，其中的"数据"量颇大，"大数据"提出前《红楼梦》早已就是"显学"，该如何处理？没有人设计的策略，没有人的协同，恐怕寸步难行。人该怎样参与、如何协同？机器是否能得出这样的结论？"大数据"是否可有超越？据说《四库全书》有约 8 亿字，数量"大"，不过对其检索、分析在"大数据"出现前就能做到。

再比如探索宇宙分为航空、航天、航宇等阶段，航天是围着地球转，航空是脱离地球引力到地球以外的太阳系"遨游"，航宇则是到太阳系以外寻找"文明世界"。地球生命诞生前，宇宙早就存在，可人类得先弄清楚太阳系是怎么一回事。宇宙有数不清的类似"银河系"一样的恒星系，我们的探索未必现在就一定要涉足"银河系"以外，除了人类的能力有限外，我们对置身其中的"银河系"有太多未知，它与其他星系也许有许多共性，我们先把"银河系"研究透了才推而广之并琢磨新问题是否为时不晚？

研究"大数据"的目的，是寻找背后特点、其中规律和相互关联，人具有透过现象看本质、宏观把握和分析关系的能力，当超过一定的复杂程度后，我们希望机器提供帮助。所谓数据挖掘、机器学习便被赋予如此重任。我们知道，仅能"计算"不够——现在的计算机的计算能力已够强，不足的是直觉、整体把握。无论出现什么样的新名词或新说法，宜谨慎地寄予厚望，耐心地等待结论。

无论如何，实际工作不能满足于实验室里小规模数据的实验、分析。以我们做的计算机辅助心电图诊断为例，几十年来太多方法在标准数据库上都"好"，只要了解"大数据"之独特，就不能也不会满足于原来的小数据库上的工作。在恰当时间、针对具体病人、采取合适措施是精准医学的目标，然而现有深度学习技术在多数情况下并没有如宣传那样得到符合临床要求的结果，宏观而言是模型泛化能力不足[38]，根本在于忽视数据采集的场景、可靠性、精度、代表性、规模。工欲善其事，"必先足其数"。

4.9 推陈出新

我们的研究工作源于实际需求，面向实际问题①，又需要技术创新，经过了从理念到产品的过程。图 4 - 12 是围绕用户需求，从市场调研到切实提供服务的若干关键环节及其关系的示意。

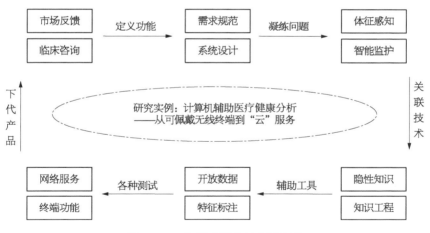

图 4 - 12 从需求到产品主要环节

常听得此问：准确率如何？这是个问题，但非工程上完整的问题。笔者告知后会补充说，医生也有误诊，我们的初衷是面向基层作筛查，疑难问题

---

① 不仅产品研发工作源于实际需求，从这样的实际工作中还可知晓基本的、共性的问题。参见附录 2"工程认识"。

自然需要医生介入。医生的误诊原因何在？经验差异以外则是医学中大量存在的不确定性。比如，一位车祸病人心跳极不规律，据病人说曾患过甲状腺功能亢进症，由于通常认为甲亢会引起心律不齐，医生从而"对症下药"，然而有经验的医生知道，那不是心律不齐的常因，后来发现病人肺部已面目全非，在肺"修复"过程中其心跳恢复正常，接着甲亢指标也正常[39]。本来诸如"80%的可能"结论由统计而得，若被当作绝对依据，问题随之而来。所以，看似合理的诊断或解释需要格外小心。

统计学源自现实生活并有成熟的理论，然而所谓的"统计意义"在讨论具体案例时难免"误导"。笔者学习时对其中的"P 值"存疑，0.05、0.01 有怎样的依据？有反过来对置信度选择的"优化"的过程吗？无疑，批评未必意味着被批评者一定"理亏"，经典方法的结论本身是概率意义下的可能性，不过如有些学者建议的用"兼容区间"表达或许更恰当或更不易被"一刀切"。生活中，能尽量作统计分析已是良好习惯，然而在结果选择上还需要考虑问题特点与背景、数据质量和规模等因素，当努力克服矛盾而非顾此失彼。扬弃是重要的也是相对简单的，包容、统一更需要智慧和策略。

有云"心电图（自动分析）做了那么多年了……"此言可能含义有二：这件事不好做、难做好；该话题老了，该玩点新名堂。对于前者，自然不敢否定；对于后者，是个悖论，不敢恭维，不管新老与否，我们的任务不是"喜新厌旧"而是"破旧立新"地解决问题，如果对心电图这类体征都置之不理，那么，就更复杂的医学图像分析和理解，对于更宽泛的模式识别，对于更本质的智能模拟而言，都无从谈起。

具体问题涉及：信号质量方面，是噪声和基线漂移大，变形重，甚至导联脱落等；特征识别方面，是幅度小，形态各异，样本不够；症状分类方面，是泛化能力弱、针对性不强、内部过程不明等。采取的措施包括：加强信号预处理，设计专门滤波器；扩大和改善训练样本，重视有些特征的专门识别，构造特定分类器；对分类器本身做深入分析和优化设计。

归纳而言，分类探索涉及两种做法，每种又都有两条途径。

- 经典的从特征出发的分类。
  - ◇ 传统的专家系统方法，比如决策树方法、引入可信度因子的推理机。
  - ◇ 经特征选择后，针对这些特征的统计学习分类方法，如支持向量机，以及独立成分分析与支持向量机的结合等。

- 机器学习的方法,特征提取过程显现或隐含其中。
  ◇ 深度学习方法,以及用深度学习方法学习特征后进行规则推理再结合深度学习本身的方法。
  ◇ 规则推理和深度学习相融合的方法,这是目前最有效的思路,前者利用可有效识别的特征,后者利用神经网络把握特征。

后续工作将包括:

第一,跟踪、分析错误结果,细化出错原因并归类,这项工作琐碎而繁杂,但缺少这一步,则无从针对性地改善算法性能。

第二,深层神经网络的优化,包括不同网络模型的比较、多层异构神经网络的设计、无监督和有监督学习的互补、参数的选择等。

第三,隐性知识的进一步挖掘,不同形态特征的识别,构建针对特定形态特征的专门分类器,推理机的构造。

第四,不同导联权重可以不同,设计更多适应不同症状的分类器,发挥不同分类器各自优势,针对不同疾病进行分类。

第五,各种方法的集成[34,40~43],学习不同于以往的其他方法,并融合诸如脉搏波[44]等体征,利用深层神经网络进行综合分析[45]。

希望为"心"的健康贡献绵薄之力。

4.10　心脉互参

人工智能与医学的结合研究经过数十年的积累显现出广阔前景[46]。前述终端进入市场后,同类产品如雨后春笋,表明市场广阔,然而多为简单重复,符合临床需求的分析算法以及与其他体征的融合判读始终是大多数产品面临的问题。在前期计算机辅助心血管疾病诊断工作基础上,笔者认为仅仅进行心脏监护不够,于是考虑结合中医①把脉模拟设备以便把握血管情况。其时所见"脉诊仪"只能采集单点时间序列信号,并非医生把脉时的完整感知信息,于是调研并获悉美国 PPS 公司的阵列式传感器,在脉象感知领域首先使用该传感器并发现其问题,从而提出阵列式柔性传感器需求。此后有不少机构或团队实施研发,尚未见符合临床需求并与相关疾病建立联系

---

① 基本观念请见附录 3"中医循证"。

的工作[47]。进而研制更有效、更便捷的如图 4 - 13 所示可佩带"单复"①感知终端。同时是对中医把脉隐性知识通过标准明确的心电图结论显性化的一种努力。

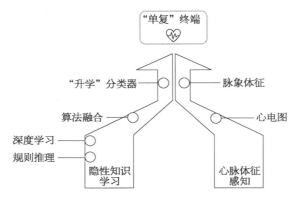

图 4 - 13 可佩带终端形式及其体征分类方法的演进示意

脉象感知技术可增加获取一个体征信息,所谓"多多益善"于此可见其优势,然而就使用言,尤其是基层应用,设备要既可信又方便:"可信"首先要无异议,中医有不少争议;"方便"既要求使用简单又要小巧,心电图至少要两个电极安在不同部位才能得到一个导联信号,比如腕表,若戴在左手,需要右手主动接触另一电极才行,不仅没法取得连续信号,还带来噪声等干扰。既然脉象有不同形态表征,就意味着背后是不同的身体状态,它们可能就是不同病症,若限于心血管系统,则可能是心血管系统疾病的除心电图以外的另一种表象,故而若能得到这些脉象对应的心血管系统病症(比如心电图的结论),就可满足前述要求,因为心电图无争议,而单个电极比两个电极方便,从而问题变为,如何将脉象对应的结论映像到心电图相应的病症诸如心肌缺血、房颤等。这是人工智能可辅助的,只要能同步采集到这两个体征的足够数量的数据。背后是血流动力学范围的研究工作,该问题研究已久,从生物医学工程角度说明是一回事,得到模型是另外一回事,宜切换视角。如人工智能,不是等到搞清脑机制后再模拟之,中医在这里与人工智能似乎"相通",人们可求有效性,再探究机理。直接的方法是让数据说话,这是一个非线性问题,可以从数据拟合和关系学习角度设法得到输入输出关系,深

---

① 用单极映像多(复)极之意。

层神经网络结合推理机制可以发挥作用,这符合大数据智能的基本思想。数据采集需要合适的终端,终端的核心问题是传感器与算法。

为了不至于将同步感知的脉象体征机械地映像到比如房颤之类的心电图症状上,需要把脉医生与心电图判读医生一起观察、讨论,确定统一的表述,避免盲目性和过于宏观。

学习算法所需的标注数据不足是普遍情况,由两位以上有经验的医生标注并确认过的数据更是阙如,因此,需要小样本训练模型,并且充分利用推理机制。推理方法可以分为归纳法和演绎法,机器学习是统计归纳,如深度学习,推理机遵循的是演绎法。笔者为此提出"升学"分类器:如学生升学而不断学习新知识的升级,同时也是指机器学习能力的提升。

设有两个原始脉象数据集合:直接标注 d_{di} 和非直接标注 d_{nj} 两部分,后者的属性(症状名称)标注值由与同步心电图体征数据 de_k 对应的属性(Cla_i,参见 4.6 节)映射决定,它们分别构成直接和非直接标注数据集合:

$$S_{pd} \vartriangleright df \{dd_{i(i \in N)}\}, \ S_{pn} \vartriangleright df \{dn_{j(j \in N)}\}$$

另有一合乎心电图症状 P_k 的属性结合:

$S_{pp} \vartriangleright df \{P_{k(k \in N)}\}$,且各脉象数据相应的症状类属:

$$Arg(dd_i) \in S_{pp}, \ Arg(dn_j) \in S_{pp}$$

先利用有限的标注数据训练初始脉象分类器 P_{dnn},然后按照图 4-14 所示过程获得未标注的新数据的分类结果(属性),若与心电图分析 E_{dnn} 输出的数据属性一致,则得到本次输入数据的确定属性(相对于初步属性而言),并将数据加入训练集中,即

$$(S_{pd} \Leftarrow S_{pd} + dn_j, \ S_{pn} \Leftarrow S_{pn} - dn_j) \, Iff$$

$$(Arg(P_{dnn(Spd, Spn)}(dn_j) \in S_{pp}) = Arg(E_{dnn}(de_{k(k \in N)}))$$

若灵敏度等指标不稳定则继续训练,稳定则意味着得到目标模型。其过程如图 4-14 所示。

它具有三方面意义:

第一,解决普遍存在的标注数据不足的现实问题;

第二,利用我们既有的心血管疾病其他体征如心电图的分析成果;

第三,是融合规则推理与深度学习的一种具体形式。

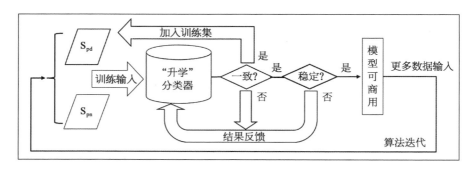

图 4-14　机器学习与规则推理融合的"升学"分类器交叉训练过程

由上可知,以脉象数据为基础的该分类器依赖于心电图数据及其诊断结果,当心电图数据集足够大而不再依赖于中医把脉结论时,它就成为目标与心电图分析结果对应而数据源自脉象的分类器。于是形成新一代的监护终端(比如腕表或贴片):感知的是脉象,得出的是心血管系统疾病分类结果。

各科医生在各自领域积累经验,跨越两科的工作就需要协同,比如既是心电图又是脉象判读专家就难见,而如果没有多种体征融合分析的诊断经验,融合规则问题就十分突出地显现出来了,在此情况下让机器处理所谓的"多模态"体征就只是良好的愿望了。

钱学森指出[48],"发展中医只有这一条道路,要用强大的现代科学体系来使中医从古代的自然哲学式的、思辨式的论述解脱出来。"心脉互参是这个思想的一种实践。"中医不是科学"有两类指称:一是其不可以科学思想衡量,不能以科学名义约束之;另一则意其落后含糊,缺乏服人的依据和普适的手段。科学是发展的知识体系和开放的认识工具,不是科学未尝不可是一种暂态,但总要符合一般的思维模式与语言规范,即便暂时不作严格的推理也要以理服人,至少要"自洽",不可自以为是,避实就虚,或者以一概十,以个代众;如果不能"另立"体系,则只能在科学范畴内讨论。吴文俊利用中国古代数学思想做数学机械化研究,我们希望借鉴中国传统医学脉象思想:

以知识和技术创造价值;

借产品及服务惠利民生;

用思想与行动回馈社会。

同时也希望对中医理论本身做出一些验证。实际系统中,诸如数据处理、模式分类与平台部署等会有不同问题,针对深度学习,现在有各种开源软件可供选择,除了了解其基本功能和操作要求外,宜知晓深层神经网络的发展脉络、核心思想和优化技术,并明确问题场景、数据规范和比照方法。

4.11　本章概要

计算机辅助心血管疾病诊断所及主要工作如图 4-15 所示。

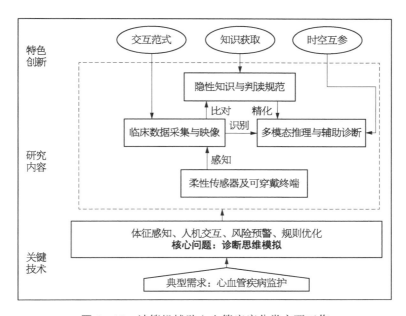

图 4-15　计算机辅助心血管疾病分类主要工作

- 心电图诊断的隐性知识学习包括向医生请教判读过程中的细节与关注点、精化诊断规则与条件、错误结果比对与分析等。
- 数据很重要,但有了数据和开源平台,并不意味着分类效果的达标,数据组织、知识学习、算法优化缺一不可。
- 多体征融合既是现实需求也是技术趋势,然而如何描述其临床过程是一个没有被准确认识的话题。

> 心如大海无边际,广植净莲养身心。
> 自有一双无事手,为做世间慈悲人。
>
> ——黄檗禅师《无题》

参考文献

［1］小林石寿.甲骨文字精华.东京：木耳社,1985：51.

［2］约翰·杜威.确定性的寻求——关于知行关系的研究.傅统先,译.上海：上海人民出版社,2005：160.

［3］沃尔特·艾萨克森.史蒂夫·乔布斯传.管延折,魏群,余倩,等译.北京：中信出版社,2011：301.

［4］Clifford G D, Azuaje F, McSharry P E. Advanced methods and tools for ECG data analysis. Boston：Artech House,2006：61.

［5］Dong J, Xu M, Zhu H H, et al. Wearable ECG recognition and monitor. IEEE 18th CBMS, Dublin, Ireland, June 22～24, 2005：413～418.

［6］王丽苹,董军.心电图模式分类方法研究进展与分析.中国生物医学工程学报,2010,29(6)：916～925.

［7］Goldberger A L, Amaral L A, Glass L, et al. PhysioBank, PhysioToolkit, and PhysioNet：components of a new research resource for complex physiologic signals. Circulation, 2000, 101(23)：215～220. Doi：http://circ.ahajournals.org/cgi/content/full/101/23/e215.

［8］Testing and Reporting Performance Results of Cardiac Rhythm and ST Segment Measurement Algorithms［S］. ANSI/AAMI EC57：1998(R2012). Doi：https://standards.aami.org/kws/public.

［9］Lannoy de G, Francois D, Delbeke J, et al. Weighted conditional random fields for supervised interpatient heartbeat classification. IEEE Transactions on Biomedical Engineering, 2012, 59(1)：241～247.

［10］Ye C, Vijaya K B V K, Coimbra M T. Heartbeat classification using morphological and dynamic features of ECG signals. IEEE Transactions on Biomedical Engineering, 2012, 59(10)：2930～2941.

［11］Pan J P, Tompkins W J. A real time QRS detection algorithm. IEEE Transactions on Biomedical Engineering, 1985, 32(3)：230～236.

［12］Li C W, Zheng C X, Tai C F. Detection of ECG characteristic points using wavelet transforms. IEEE Transactions on Biomedical Engineering, 1995, 42(1)：21～28.

［13］Deepu C J, Lian Y. A joint QRS detection and data compression scheme for wearable sensors. IEEE Transactions on Biomedical Engineering, 2015, 62(1)：165～175.

［14］Zhu H H, Dong J. A R-peak detection method based on peaks of shannon energy envelope. Biomedical Signal Processing and Control，2013，8(5)：466～474.

［15］Shah A P，Rubin S A. Errors in the computerized electrocardiogram interpretation of cardiac rhythm. Journal of Electrocardiology，2007，40(5)：385～390.

［16］Hakacova N，et al. Computer-based rhythm diagnosis and its possible influence on nonexpert electrocardiogram readers. Journal of Electrocardiology，2012，45(1)：18～22.

［17］张嘉伟.心电图形态特征的识别及其在分类中的作用研究(博士学位论文).上海：华东师范大学,2011.

［18］顾吉环,李明,涂元季.钱学森文集(卷五).北京：国防工业出版社,2012：381.

［19］佘振苏,倪志勇.人体复杂系统科学探索.北京：科学出版社,2012：75.

［20］Chen Y H，Yu S N. Selection of effective features for ECG beat recognition based on nonlinear correlations. Artificial Intelligence in Medicine，2012，54(1)：43～52.

［21］Mar T，Zaunseder S，Martinez J P，et al. Optimization of ECG classification by means of feature selection. IEEE Transactions on Biomedical Engineering，2012，58(8)：2168～2177.

［22］Lamedo M，Martinez J P. Heartbeat classification using feature selection driven by database generalization criteria. IEEE Transactions on Biomedical Engineering，2012，58(3)：616～625.

［23］Cortes C，Vapnik V. Support-vector networks. Machine Learning，1995，20：273～297.

［24］Hinton G E，Salakhutdinov R R. Reducing the dimensionality of data with neural networks. Science，2006，313：504～507.

［25］Bengio Y. Learning deep architectures for AI，foundations and trends. Machine Learning，2009，2(1)：1～127.

［26］Arel I，Rose D C，Karnowski T P. Deep machine learning — a new frontier in artificial intelligence research. IEEE Computational Intelligence,2010，5(4)：13～18.

［27］LeCun Y，Bengio Y，Hinton G. Deep learning. Nature，2015，521：436～444.

［28］朱洪海.心电图计算机辅助分析的关键算法研究及多体征远程监护系统研制(博士学位论文).北京：中国科学院大学,2013.

［29］Jin L P，Dong J. Normal versus abnormal ECG classification by the aid of deep Learning. Artificial Intelligence-Emerging Trends and Applications. 2018：295～316.

［30］周飞燕.心电图分析的多分类器融合及其评价方法研究(博士学位论文).北京：中国科学院大学,2017.

[31] Martis R J，Chakraborty C，Ray A K. A two-stage mechanism for registration and classification of ECG using Gaussian mixture model. Pattern Recognition，2009，42(11)：2979～2988.

[32] 王丽苹.融合领域知识的心电图分类方法研究(博士学位论文).上海：华东师范大学,2013.

[33] Jin L P，Dong J. Ensemble deep learning for biomedical time series classification. Computational Intelligence and Neuroscience，2016，11：3：1～13.

[34] Jin L P，Dong J. Classification of normal and abnormal ECG records using lead convolutional neural network and rule inference. Science China Information Sciences，2017，60(7)：078103：1～3.

[35] 李泽厚.批判哲学的批判：康德述评//李泽厚哲学文存(上编).修订版.合肥：安徽文艺出版社,1999：183.

[36] Zhang J W，Liu X，Dong J. CCDD：an enhanced standard ECG database with its management & annotation tools. International Journal on Artificial Intelligence Tools，2012，21(5)：1～26.

[37] 维克托·迈尔-舍恩伯格,肯尼思·库克耶.大数据时代.盛杨燕,周涛,译.杭州：浙江人民出版社,2013.

[38] Petzschner F H. Practical challenges for precision medicine. Science. 2024，383(6679)：149～150.

[39] 迈克尔·刘易斯.思维的发现：关于决策与判断的科学.钟莉婷,译.北京：中信出版集团股份有限公司,2018：212～213.

[40] 金林鹏,董军.面向临床心电图分析的深层学习算法研究.中国科学：信息科学，2015，45(3)：398～416.

[41] Zhou F Y，Jin L P，Dong J. Premature ventricular contraction detection combining deep neural networks and rules inference. Artificial Intelligence in Medicine，2017，79：42～51.

[42] Llamedo M，Martınez J P. An automatic patient-adapted ECG heartbeat classifier allowing expert assistance. IEEE Transactions on Biomedical Engineering，2012，59(8)：2312～2320.

[43] Dong J，Zhang J W，Zhu H H，et al. Wearable ECG monitors and its remote diagnosis service platform. IEEE Intelligent Systems，2012，27(6)：36～43.

[44] 胡晓娟.中医脉诊信号感知与计算机辅助识别研究(博士学位论文).上海：华东师范大学,2012.

［45］Jin L P，Dong J. Intelligent health vessel ABC-DE：an electrocardiogram cloud computing service. IEEE Transactions on Cloud Computing，2020：8(3)：861～874.

［46］Zhu S Q，Yu T，Xu T，et al. Intelligent computing：the latest advances, challenges, and future. Intelligent Computing，2023，12(1)：1～45.

［47］Wang J，Zhu Y R，Wu Z Y，et al. Wearable multichannel pulse condition monitoring system based on flexible pressure sensor arrays. Microsyst Nanoeng，2022，8：16～25.

［48］顾吉环,李明,涂元季.钱学森文集(卷四).北京：国防工业出版社,2012：244.

5

机器书法长亭短亭

训虎图(岩画) [1]

……一个人要看得很多，而且要看而又看，才有资格就某一艺术部门的细节发表意见。就我自己来说，我看到的东西也不少，但是如果要把题材讨论得很详尽，我看到的就还不够[2]。

——黑格尔

一色有余观笔墨，五声非但伴华章。

书法创作与中医开方可作对照。新字体犹如医生针对未见过的病症所开处方，同一字体的变化则似对于患同一疾病的不同对象调整经方。中医把脉用指定位，书法使指运笔，差别在于前者用指感知，后者由指创作，背后是神经机制和思维活动。书法创作可谓雕虫小技，亦可谓奥妙无尽，多少人临池不辍而没法超越前人，与智能的机器模拟在如何"逼近"的目标上类似。机器书法创作若既要服从审美约束又自成面目，难度与书法爱好者中的极少数能成为书法家相仿。

5.1　不离其变

无论言及文化、文字，还是艺术、意境，中国书法都是精神的体现、视觉的奇葩，可谓自古至今一道独特的人文风景，背后则是审美体验与美感积淀。就思维机制言，中华民族以整体思维、形象思维为特点，从而在象形文字的基础上形成书法并不断赋予其以新的表现形式，超越实用而进入唯美之境；从精神层面看，表达情感、宣泄内心需要一定的载体，于是，书写过程自然而然出落为艺术的一种形式。

有人赞中国书法为最高艺术，则非"合乎逻辑"的推论，缺乏严格分析。书法的出现，除了缘于象形文字就还因软笔工具的应用，然而象形文字别国也有，毛笔也可按需发明，就内禀特征与表达方式而言后者也许更具根本意义，如宗白华说中国人的笔"开始于一画，界破了虚空，留下了笔迹，既流出人性之美，也流出万象之美"。[3] 它是思维的硕果、心灵的轨迹，亦可彰显峥嵘。

康有为在中国古代书法理论的殿军之作《广艺舟双楫》中有两节（"流变"与"分变"）谈及字体演变，他针对所谓的"八分"指出：现在所写的得旧体的八分，所以用'八分'做名称，因为汉朝人口头上相传，如秦代变《石鼓文》

为小篆,得《石鼓》的八分;西汉又变秦篆的长体为扁体,也得小篆的八分;东汉又变西汉的八分而加波磔,且极扁,又得西汉的八分;楷书又变东汉隶体而为圆笔方形字体,又得东汉的八分。八分以分量讲,本来是活动的名称,是可以伸缩的[4]。历代书法被总结为所谓的"商周尚象,秦汉尚势,晋代尚韵,南北朝尚神,唐代尚法,宋代尚意,元明尚态,清代尚质"八个逐步变化的时代特征[5],姑且就将其说为"八变"。

书至汉代,体有七种:科斗书、籀文、小篆、秦隶、八分、汉隶、识(诸侯本国之文),[6]或隶中见篆、篆里有隶。为了交流、书写之便,趋于应用的需求,约简、规范是大势所趋,篆书逐渐去圆就方、变纵而横为隶书,同时以抽象、省略、连带、变形为手段,逐步形成有波磔而连动的草隶、章草,也可以说那是篆书演进到成熟隶书阶段派生出来的。孙吴的楷书《谷郎碑》距曹丕篡汉也就半个世纪前后,肥润宽拙,带有隶意。由此可上推汉代已有楷书[7],从而篆、草、隶、楷各体汉时均已出现,那是一个独步古今、继往开来的时代,隶书则是代表,笔意凝练,线条爽健,气象雄浑,仪态万千。

书体演变之外,书法创作也只有通过变化才能呈现个人的审美情趣并进入更为和谐的境界,其核心恰如沃兴华教授所云[8]:"就是将时代精神灌注到对传统的分解与重组之中,分解很重要,重组也很重要,而最最重要的分解与重组过程中的变形处理,没有变形决不会和谐,没有变形也无法体现个人的审美情趣和时代的人文精神,变形能力是衡量书法家创作水平的标尺。"祝嘉说:"专从诗上学诗,就学不好诗,专从书上学书,也学不好书,总是在一个'变'字上,都要时时刻刻在变,因时而变,因地而变,因诗文的内容而变,因一时的思想感情而变。总之,不受束缚,千变万化,运用无穷,以成自己的字就好了。"[9]吴冠中说:"毕加索解体客观形象,根据新的意图和理想将其重新组合。"[10]邱振中教授进一步指出:"有人致力于把各种字体糅合在一起,有人想方设法改变结构的外观——这些作品往往看似新奇,但不能给人带来确有新意的审美感受。作品的空间性质不曾改变时,作品无法触动人们固有的空间感。"[11]沃兴华教授在谈体会时还说:"波兰尼认为,人类知识都是来自对被知事物的能动领会,具有'无所不在的个人参与'。传统知识观以主客观相分离为基础,在知识中排除热情的、个人的、人性的成分,那是错误的。波兰尼还认为,求知行为遵从某些启发性前兆,并与某

"心迹"的计算——隐性知识的人工智能途径(第二版)

种隐藏的现实建立起联系,这种联系将决定对认识对象的选择与阐释。波兰尼相信,知识是一种信念,一种寄托,人们说话时隐含的情态,核实科学'证据'时的判断,都表达了当时人们的信念,都是他们的寄托,知识在一定程度上是受求知者'塑造'的,信念是知识的唯一源泉。"[12]让计算机能像人一样使得字的笔画、结构甚至章法朝人自己的意图方向发生变化是书法创作模拟的根本目标。他又表示,理论和实践应当是统一的。但他更偏重实践,因为作品是硬道理。书法艺术最终是给人看的,而不是对人讲的[13]。笔者认可沃兴华教授的创作及其认识,更大程度上是因为他的这种理念和思想。

从体会思维活动的神奇、理解传统文化的内涵角度观之,书法艺术不失为极好的研究"创作"和"计算"这两个乍看风马牛不相及的活动的关系及其新的呈现方式的载体和桥梁,因为书法创作结果是思维的综合体现。已见大量关于数字书法[14]的研究工作,多及计算机图形学、字体生成、字库等方面,不及形变等从形象思维出发的模拟。

徐颂华等的基于综合推理的方法,探索了计算机艺术中创造性思维的建模及其机器智能模拟问题[15,16]。他们通过对汉字书法作品的图像采用分层次的结构化知识表示方法,赋予计算机在书法创作这类形象思维领域"想象力"和"创造力",使得计算机在学习了有限的输入字帖后,能够实时地在一个可能性空间里创作出风格不同的书法作品。这里的综合推理,简言之,指在包括图形在内的各种元素构成的空间里进行推理的一种机制。其书法创作结果如图5-1所示。

该方法用到了各个形象源(各个字)信息,但随机选择导致审美约束难以自然体现和发生作用,线条及其细节与微妙之处无法涉及。这个方法在运行过程中,每一层都需要对样本选择不同的权值,影响了效率。如果能够在选取权值之前,首先判定笔画的主要特征,以主要特征作为变形的依据,就有可能在某种程度上改进字体变形的整体效果和效率。两种方法所针对的对象"粒度"不同,建模方式也不一样。

图 5-1　书法创作的综合推理。左:输入;右:输出

5.2　自一而始

中国书法讲究笔法的核心,即基本的"一画",一波三折,由一而二,以致无穷,寓意深刻。石涛讲"自一以至万","自万以治一"[17]。在隶书中,横画("一")是最基础、最核心,也是最有特色的笔画。在模拟横画的基础上,模拟其他笔画的创作就相对较容易,从而就可以构字成篇。

以典型东汉隶书《石门颂》《西狭颂》和《鄐阁颂》为例。其写法和楷书无大异,其画像篆,最大的不同是有波磔一笔[9]。《石门颂》巧多于拙,多用圆笔;《西狭颂》巧拙各半,是方笔字,比《石门颂》肥、短,比《韛阁颂》瘦、长;《韛阁颂》则纯用拙,也是方笔。

图5-2左部是何绍基临摹《石门颂》之作,轮廓已平滑;图5-3是林散之临《西狭颂》之作,形准而灵动;图5-4为沃兴华教授意临《韛阁颂》之作,记忆中的内容是这类图像。

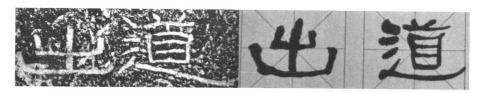

图5-2 原始碑刻和临摹对照:何绍基临《石门颂》

图5-3 林散之临《西狭颂》

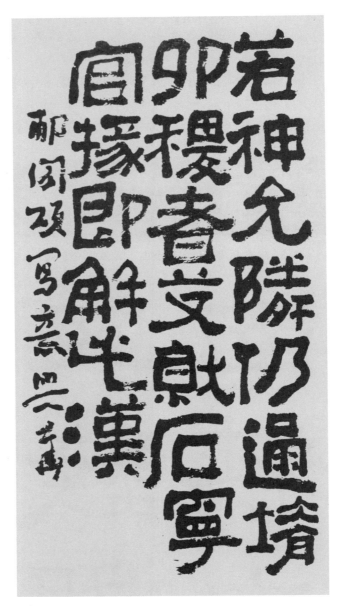

图 5-4　沃兴华意临《鄐阁颂》

　　图 5-5、图 5-6、图 5-7 为简单但不同的隶书"之"字,图 5-8、图 5-9 为更为基本的字体即正书不同的"之"字。机器要输出符合审美约束又有变化的不同"之"字并非易事。

　　"心迹"的计算——隐性知识的人工智能途径(第二版)

图 5 - 5　东汉《石门颂》"之"字

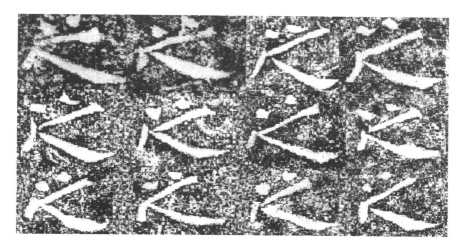

图 5 - 6　东汉《西狭颂》"之"字

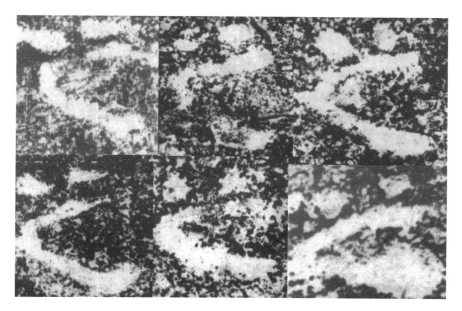

图 5 - 7　东汉《黼阁颂》"之"字

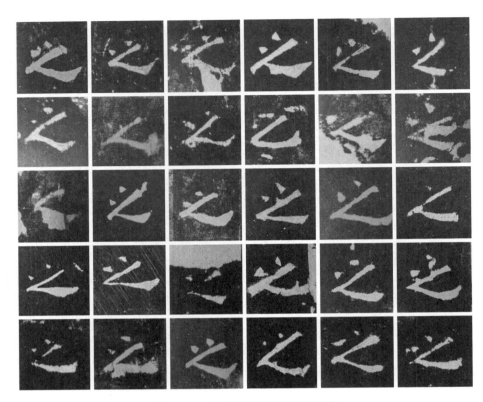

图 5-8 北魏《嵩高灵庙碑》"之"字

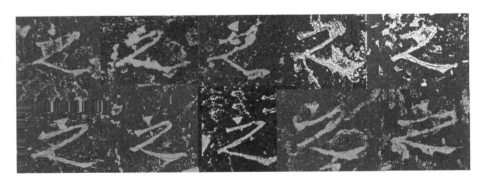

图 5-9 南朝宋《爨龙颜碑》"之"字

  实际的书法学习过程中,若临了同一种字体的多种碑帖后要写一段文字,选择余地大了,但同时有笔画融合问题,即如何在一幅作品中使不同风格的字得以统一。更为复杂的是:若临了篆、隶、真、草、行各种字体,进行个性鲜明的创作,会涉及"笔气""墨韵"等。

针对书法临摹与创作过程,根据笔者自身的"隐性知识",刻画书法创作如图 5‑10 所示各阶段①。

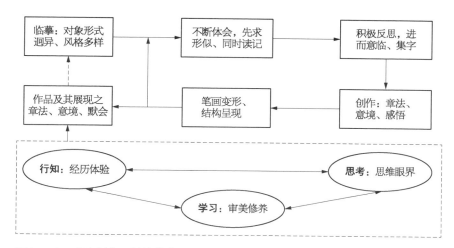

图 5‑10 书法创作:既是临摹过程的归宿,也是机器模拟的参照。上部是基本的书法学习过程,中部是机器实现环节,下部便是所谓的"字外功夫"。这里,临摹是基本环节,开始是日复一日的重复练习,而有了一定创作经验后的临摹会更注意细节及整体效果

"临碑之时,必须将字之结构仔细考虑,凡字多由左右两边或上下两截而成,如何配合,举一即可反三。先就其相似者仿而效之,再取其绝不相类者比而造之,时时揣摩,虽不中不远。故临碑务求娴熟,一碑到手,至少百通,熟能生巧,其言是也。世有以模拟见长者,其实乃不能变化之人也。"[18]变化即创作。

笔画融合、字形改变和整体创作是逐步深入的过程,结果又可以作为临摹对象。当然,临摹书法作品时,原来记忆的内容也会起作用。书法创作模拟若以某种结构层次为模板,是较为理想的途径,但目前没有相关结论。下面介绍的内容涉及碑刻笔画的轮廓平滑,以及笔画的变形模拟。

基本过程是,先对所学的字的图像进行预处理[19],包括图像平滑(中值滤波)、二值化、小孔填充(腐蚀和膨胀)、轮廓提取(八领域搜索)、轮廓恢复(傅立叶变换),各步骤如图 5‑11 所示。

———————————

① 书法学习相关内容见附录 4"书法管见"。

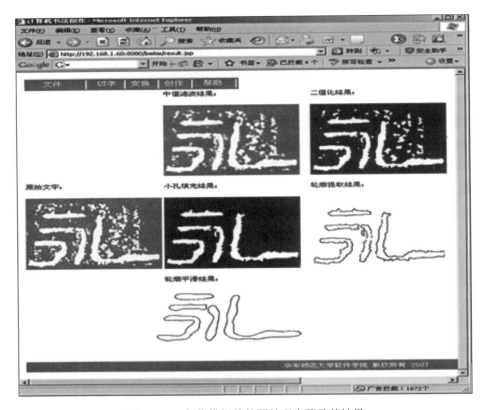

图 5-11　创作模拟前的预处理步骤及其结果

在获得一组书法字的笔画图像（如不同碑帖的横画）后，对于每一个图像（横画）定位一些关键点来勾勒出它的结构，成为一个样本 X，进而得到相应的一组样本。

用主成分分析法分析这些样本构成的矩阵以获得反映样本的主要特征 b（如"长""短"、"方""圆"、"肥""瘦"。从书法审美本质看，本应讨论"厚""薄"，这对矛盾与"肥""瘦"无关，但我们的模拟目前仅涉及二维特征，暂时以"肥""瘦"或者"粗""细"论之）[20]，由它们组成一个特征矩阵 Φ。

于是，可以得到统计学习模型如下：

$$X \cong \overline{X} + \Phi b \tag{1}$$

其中，$\overline{X}$ 是样本排序后的平均值，b 多维列向量，代表了一个样本空间中样本的主要特征。当调整 b 的不同分量时，就会得到不同的 X，即由这个模型可以得到与样本相似的新图像。若能够找到 b 的变化与 X 的变化趋势之间的关系,则可以通过调整参数 b 实现"创作"输出。

隶书"蚕头燕尾"的横画最为典型,图5-12演示了部分变形结果。

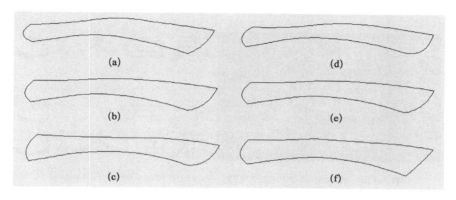

图5-12　来自不同样本的隶书"横画"的不同变形结果

该模型是进行后续书法创作模拟的基本前提。接着考虑笔画的相互位置的选择和确定。以简单的"十"字为例,不同的"横"画与"竖"画的交点对视觉效果有不同的影响。这同样是一种统计学习。图5-13表示从原始图像开始,经过预处理和编码,再进行适当变化创作出"十"字的过程。原始碑帖书法文字被提取出书法字的骨架后,再作轮廓跟踪并抽取出组成该字的各个笔画,进而依据所抽取出的笔画,从库中挑选出与之对应的笔画若干,进行变形,最后将变形得到的笔画依照之前得到的骨架进行组合而生成新的字。

图5-13　以"十"为例创作的几个关键过程,自左至右:原图像,中值滤波后的图像,二值化后的图像,骨架提取结果,创作输出。

对结构模拟而言,目前的困难在于:

1. 创作的自由导致难找规律;
2. 脑内过程以笔画还是其他元素为基本单位尚不清楚;
3. 章法和意境是更高的要求,计算机模拟相距更远。

图 5-14 所示为计算机创作的结果[21]。其中,左三行是笔画变形所需的原始样本,右第一行是预处理后的情形,右第二行是提取出的骨架,右第三行是抽取的笔画,右第四行是经过笔画变形、依据骨架的结构信息创作出来的结果。

图 5-14 样本经预处理、提取骨架、笔画抽取到创作结果:春回大地

在计算机所创作结果的基础上,用如图 5-15 所示的末端执笔的机械臂将其输出于纸上(图 5-15 左中)①。前两个字与后两个字笔画粗细差别明显,主要是蘸墨不同所致。另外,"春回"笔画瘦弱,"回"笔画出现抖动,不如"大地"厚实,尤其"大"不错,不足的是其首横略有失衡之感。这里,将计算机书法创作输入机械臂,无疑也可直接取拓片字的图像输入机械臂。

图 5-15 书法创作模拟用机械臂及其输出创作结果

———————————

① 张显俊.书法创作思维过程的计算机模拟方法的研究.技术报告,华东师范大学,2012.

学习书法,是一个临、读、写不断反馈的过程,计算机模拟,也应基本遵循这样的过程[22~24]。而烦琐的参数设计,对于懂书画的人而言依然不便,更何况对于不懂书画的人。书法创作与动画、漫画等比有很大不同,细微的差异会导致很大的审美差异,这里的核心非一般的图形变换。由于人们对形象思维过程知之甚少,其探索将是伴随人工智能成长的一个任务。未来工作可分层次、分阶段展开,分层次指根据难度和目标划分,分阶段指关键技术、系统和应用的区分。研究主线还应是思维模拟,经验是前提,线条是基础,变形和结构是根本。

概略而言,计算机书法创作(CG)也就是确定函数,对原始样本进行统计学习,然后变形(相似但不同于原始样本):

$$CG \in reform\{f_{Sta}(CG_i, i \in \{1, \cdots n\})\}; s.t\ CG(\cong \bigcap \neq) \forall CG_i, i \in \{1, \cdots n\}$$

i 区分不同笔画,n 指不同字。

5.3 教育可辅

书法创作模拟,初衷是形象思维模拟,中间过程漫长,后来目标是辅助教育平台,评估是其核心内容。我国传统的小学甚至中学都安排书法课,其教学多采取教师巡视,逐个教授的方法,缺点是讲解慢、效率低,并且课后学生无法得到老师进一步具体、有效的指导。犬子在小学四年级上学期的某个周末做书法描红练习,特地走过来,将本子放在桌上开始尝试,笔者看后说那不是反复涂而要努力一笔写。大概两周后又回苏州,他妈妈说,他的书法描红作业成绩得了不及格,笔者一怔而笑。这里有他敷衍的原因,然而一笔写对于第一次练习的孩子而言其效果可想而知。估计不少小朋友是反复描的。于是可考虑将有关的机器书法创作结果应用于中小学电子白板系统的书法临摹教学环节中,它能接收输入设备的学生手写书法字信息,并给出基本的分析、评价和建议,如图 5-16 所示。

图 5-16 电子白板书法教学示意

笔者所言书法创作的计算机模拟,不是目前计算机上的"写字板""画笔"那样一种工具,而现在的计算机上的一些辅助工具,有被滥用之嫌,比如我们看到一些书法碑帖出版物，有的机械地提取了一个个字的轮廓，丢弃背景信息问题还不大，轮廓失真是主要不足，那会损害微妙的美感甚至以丑为美；有的将黑底白字拓片图案反转，尽管使字本身以墨色出现，符合人们习惯，可惜古朴意境荡然而失；还有的将拓本墨色加浓、加黑，本意是增强效果，其实弄巧成拙。

曾听到人问，是否可以让计算机辨别某位书画家作品的真伪？至少当下不能，创作与鉴赏不是一回事，且我们的创作模拟只是初步的。辨别真伪过于复杂，很多学习书法数十年的人，也未必有经验作辨。启功说[25]："搞鉴定千万不要从书入手。有人讲我学写字有什么书好看，主要看帖、看碑，书法理论众说纷纭，根本不明确，讲是讲不清楚的。鉴定书画也别看书，有经验的、有道理的要看，但别看那些神乎其神的书，如神品、妙品、逸品之类的。"人说不清的，机器没有参照、做不来；人愿意说的，不见得就是有用的经验，不少是隔靴搔痒。最好有人去粗取精以便大家取精用宏，实际上不少研究者梳理、阐释、发挥，到头来书越来越多，可是问题依旧，书法理论家若能利用自己的隐性知识挖掘前人的隐性知识形成中国书法精炼的、核心的、清晰的理论，则功莫大焉。

熊秉明认为某人所写的"我"字的时候，会流露出一种潜意识，可据此推测出其性格特征、情感类型乃至大致经历等，几乎接近真实。是他收集数千个样本后的总结[26]。但这种由"写"而出的"特征"关系是否可作如此归纳是存疑的，在技术上，计算机可以用一定数量样本进行学习，然而未必能得到直接结论。

文同论草书有言[27]："余学草书凡十年，终未得古人用笔相传之法。后因见道上斗蛇，遂得其妙，乃知颠素各有所悟，然后至此。"文字记录的有的不及其意、有的深奥难会，后人没法理解、不得要领。文同理解了，但别人依然不易理解他理解了什么。感觉和印象只是认识的第一阶段，运用概念以作判断和推理则是认识的第二阶段，经过感觉而达到思维，从而了解客观事物的规律性，了解这一过程和那一过程的内部联系。

创作和鉴赏是关联而又互不能替代的审美活动，作品水准高者通常具有一定的鉴赏力，鉴赏大家的书画作品多数似乎难当其名，也有人眼光不错但既不临习、创作，也不会鉴别。若仅从其要求出发看，鉴别比创作更难，因为前者要有明确的归类结果，而创作有一定的自由度，是在个人偏好基础上的经验性再现和思维的深化；但在艺术层面本身，高境界的创作更为难得，它是开放的,其新意可以是无限的。相比之下,鉴赏活动需要看得更多,而再多也是有限的。

一个学生要是辍学,不是家境贫困或突发事故,便是兴趣转移或思想障碍。但计算机辅助书法创作模拟仅有上述探索性的结果[28],并非因其耗资巨大,也不是初衷有变,而是脑内机理不明、微妙细节难究。以下问题有待落实、完善。

首先,我们描述的过程还十分宏观,对应的是书法创作的基本环节,要总结出如图 5-10 所示的过程本身需要经验和反思,目前的计算机模拟实践还只是演示性结果,进一步内容有待建模方法的创新。也许,在相当长的一段时间内,并没有合适的数学工具可供选择,至少,目前机器的"刻画"并没有能够对应脑内过程。

其次,我们所用的方法,在多大程度上能推广到更多的样本、更佳的结果尚无足够的示例,有限的例子难以任意外推到其他诸体。我们的笔画统计模型的参数的各分量如何与"肥""瘦"等特征在细节上一致,还没有确定的结论,很可能要调整或改变目前的统计学习模型,或者需要更大量的样本和实验,大语言模型亦无能为力。

第三,我们在以串行处理为特征的冯氏结构计算机上用经典"计算"的方法进行尝试,是将形象思维问题"抽象"化了,这个模拟过程实质上并非就对应着形象思维,我们企图"殊途同归",实际上,尚未"归"为一处。由于大脑处理抽象思维和形象思维的区域分属左右脑,因此,也许需要不同机制机器或不同算法才可能真正进行模拟。

第四,提到书法,人们立刻会联想到龙飞凤舞、汪洋恣肆的草书。无疑,草书是书法创作和心迹表达的高级境界,历史上杰出的书法家不少都以草书闻名,甚至有人认为从事书法创作而未涉及草书意味着没有真正意义上步入书法殿堂。草书本身创作的困难导致其机器模拟极为复杂,不是通过分笔画而可"整合"的。

最后,艺术审美的评价难免各执己见,目前一些结果也许可以通过"图灵测试",这依赖于我们如何规定要求,不过这是人机结合的结果,与经典图灵测试是不同的。我们值得骄傲的,就如普利高津所说:"中国文明具有了不起的技术实践,中国文明对人类、社会与自然之间的关系有着深刻的理解。"[29]书法无疑是其一。

5.4　指下琴韵

钱学森提出的现代科学技术体系中的人体科学包括西医，以及中医、气功和特异功能。若以书法执笔书写过程是一种气功状态言，书法与气功可同属于人体科学门类（同时属于文艺理论与文艺创作门类）。事实上，书法在艺术创作、文化修养的同时历来被当作与健康相关的活动或一种锻炼。

祝嘉在综合前人合理之说提出五指气力（用力）、四指力齐（一样用力）的执笔方法的基础上，强调"全身力到论"，具体涉及指的位置、用力大小、笔管方向，因而可用阵列式脉象感知柔性传感器技术研制执笔感知器"嘉执"，涉及执笔方法检测、生理评估原则和比对指标定义：

- 一个笔套（或整个笔杆），有五指位置提示，相应处有柔性传感器测力，指力不够则有声音提示，笔套上同时嵌入一个陀螺，笔的角度超出范围时给出提示，具体数值则根据实际情况拟合；
- 针对历代执笔有不同方法、各执一词的现状，通过测手臂肌肉（筋）的扭转、神经系统的刺激反馈情况，从生理机能本身的合理性出发作出评判，给出建议；
- 所谓执笔正确不仅要符合上述基本方法并适合人体生理机制，还要符合笔锋运动所致的视觉表现的各种审美约束，比如线条厚劲、大小变化、章法活泼等，需要定义指标。

还有语音模块，若其分量过重则分列设计，两个模块相互间可无线通信，或笔套与手机直接联系。语音模块在一开始可放一段语音提示。

另有书写板，上有感知墨迹的传感器阵列，感知结果传输到显示屏供观察、分析并获得改进建议，该功能借助书法笔画变形等面向形象思维模拟的探索，利用轨迹跟踪技术获得学生习字留下的墨迹，以辅助教学，功能有三：

- 在库中找出对应的字。
- 呈现笔迹与临摹对象的比照图像。
- 给出评分，这又含三个方面：
  - ➤ 先根据笔画长度归一化，作长短比较；
  - ➤ 起笔方圆曲率比较，收笔锐利程度比较，计算不重合部分的面积；
  - ➤ 定义偏离指数，简单的是百分比。

5.5 本章概要

同一汉字不同时期、不同形态的变化如图 5-17[30] 所示,书法创作是形象思维模拟的有趣切入点。

图 5-17　马字的不同书体:象马匹立起瞠目,鬃鬣飞扬之形

- 中国书法的篆、隶、楷、草等各种字体,都是既有字形一定程度上的形变的结果,形变是书法字体演化和创作的基本内涵;
- 无论个人还是机器创作模拟都依赖于良好的方法,忽视之,不仅将导致事倍功半,甚至会止步不前;
- 以笔画变形为核心的机器书法创作模拟的结果是初步的,以更少的参数和谐地影响更多的笔画是本方法未来的目标。

后面两章将进一步阐述科学与艺术交融的几个方面,以及人工智能面临的若干问题。

> 若言琴上有琴声,放在匣中何不鸣?
> 若言声在指头上,何不于君指上听?
>
> ——苏东坡《琴》

参考文献

[1] 中央民族学院少数民族艺术研究所.中国岩画.杭州:浙江摄影出版社,1989:121.

[2] 黑格尔.美学·第三卷(上)//朱光潜.朱光潜全集(第十五卷).合肥:安徽教育出版社,1992:21.

[3] 宗白华.中国书法里的美学思想//叶朗,彭锋.宗白华选集.天津:天津人民出版社,1996:266~292.

［4］祝嘉.艺舟双楫、广艺舟双楫疏证.成都：巴蜀书社,1989：212～213.

［5］金学智.中国书法美学.南京：江苏文艺出版社,1994：507.

［6］祝嘉.书学史.长沙：岳麓书社,2011：14～22.

［7］祝嘉.书学新论.香港：中华书局香港分局,1975：9.

［8］沃兴华.碑版书法.上海：上海人民出版社,2005：96.

［9］祝嘉.书学论集.南京：金陵书画社,1982：158,55～70.

［10］吴冠中.吴冠中谈美.广州：广东人民出版社,2000.

［11］邱振中.八大山人书法与绘画作品空间特征的比较研究//邱振中.书法与绘画的相关性.北京：中国人民大学出版社,2011：198～217.

［12］沃兴华.书法创作论.上海：上海古籍出版社,2008：118.

［13］沃兴华.论手卷创作——书法创作论之五.上海：上海古籍出版社,2015：124.

［14］张俊松.数字书法研究综述.中国科学：信息科学,2019,49：143～158.

［15］徐颂华,徐从富,刘智满,等.面向电子书画创作的虚拟毛笔模型.中国科学·技术科学,2004,34(12)：1359～1374.

［16］Xu S H，Lau F C M，Pan Y H. A computational approach to digital Chinese painting and calligraphy. Zhejiang University Press，Springer，2008：267～282.

［17］葛路.中国古代绘画理论发展史.上海：上海人民美术出版社,1982：173～184.

［18］杨钧.草堂之灵.长沙：岳麓书社,1985：153～154.

［19］Zhang X J，Dong J. Contour recovery of tablet calligraphy characters. International Journal of Computer Applications in Technology，2010，38(1/2/3)：200～207.

［20］董军,徐淼,潘云鹤.基于统计模型的书法创作模拟.计算机学报,2008,31(7)：1276～1282.

［21］Zhang X J，Zhao Q，Xue H Z，et al. Interactive creation of Chinese calligraphy with the application in calligraphy education.//Z. Pan et al(eds). Transaction on Edutainment V，LNCS 6530，Heidelberg：Springer，2011：112～121.

［22］Xu M，Dong J. Generating new style of Chinese stroke based on statistic model. 1st International Symposium Advances in Artificial Intelligence and Applications (AAIA'06)，Wisla，Poland，2006(6～10)：215～222.

［23］Dong J，Xu M，Zhang X J，et al. The creation process of Chinese calligraphy and emulation of imagery thinking. IEEE Intelligent Systems，2008，23(6)：56～62.

［24］董军.计算机书法引论.北京：科学出版社,2007.

［25］陈岩.往事丹青.北京：生活·读书·新知三联书店,2007：238.

［26］任平.书写　结构　逃离//王冬龄.中国书法的疆界：中国现代书法论文选.北京：

中国人民大学出版社,2015：306～314.

[27] 张弼,文徵明,王铎.故宫博物院藏明清扇面(书法部分).北京：人民美术出版社,
2014：20.

[28] 董军,潘云鹤.书法创作过程与形象思维模拟//刘晓力.心灵——机器交响曲.北京：
金城出版社,2014：195～211.

[29] 普里戈金·伊,斯唐热·伊.从混沌到有序——人与自然的新对话.曾庆宏,沈小峰,
译.上海：上海译文出版社,1987：中译版序.

[30] 游国庆.二十件非看不可的故宫金文,台北：故宫博物院,2012：117.

6

科技艺术若即若离

念箸

竹神萧萧问秋风，君影茫茫去何处。

政　九六年十一月廿九日清晨[1]

艺术家若对何为美缺乏完整认识,作品多乏味。艺术家若对何为善缺乏完整认识,作品多粗俗。

在科学领域(还有文科和社会科学),不信仰追求真理的理想,学者的成就也多不实。

乏味、粗俗、浅陋或不实的科学艺术成果是短暂的。

——默里(C. Maree)[2]

脑海波澜指下韵,心潮气象眼中形。

科学技术①、文学艺术是思维结晶和知识殿堂,反映了人们的认识与追求,透射出人类的思想光芒与精神境界,推动着世界发展和文明进步。当今社会在经济迅速发展的同时对科技进步的依赖日益加重,而科技不时被扭曲,甚至也变得"艺术化"了;艺术则在依托科技带来的便利和支撑的同时,始终有其本身的道路与轨迹,科技与艺术各走"阳关道"大显神通,又如孪生姐妹互相依存,可谓若即若离而互相欣赏,一起引领了生龙活虎、色彩斑斓的现实生活和未来走向。

6.1　真谛美感

随着经济的发展、观念的改变,越来越多的人会在室内放置一些艺术品,墙上挂一些字画,有的是出于装饰居处、点缀环境的目的,有的则借以抒发情怀、衬托气氛,这往往以真为佳、以名人字画为上。不过,真的不一定比复制品质量高,要看是怎样水准的真迹,何况现在的复制技术已可"乱真",而很多摄影作品非常精彩,然而它们皆为复制品;所谓名人之作也良莠不齐,即便是大家之作,品质差别也很大,精品不会多。自然,在赝品泛滥的社会里,真假无疑是人们首要关心的,谁也不能否认一流精品原作的震撼力。但就学习或欣赏而言,名作印刷品比普通的原作更有价值。

笔者心目中,很多年来不断浮现、心驰神往的是茫茫宇宙中浩瀚星

---

① 科学与艺术是一个经典话题,科学与技术是不同概念,如同文学与艺术不是一回事。"科学技术是第一生产力"之说无意间将两者"捆绑",然而尽管数十年间多有厘清议论,实际依旧。由于本章有的场景涉及技术,因而未免"科技"之说。有时候两者交叉,例如建筑是科技与艺术的结合体,绘画要研究色彩、明暗、线条等。

空的广袤和宁静，使人思接千载、想象无边的画面，可谓"精骛八极、心游万仞"，尽管有的只是星星点点。书店未见尺幅合意的印刷品。为何仅仅是印刷品会如此长久地萦绕脑海？这大概就是科学与艺术本身的魅力和其间的张力。首先，这是远大又真实的图景；其次，这里有多学科的汇聚：天文学是历史悠久的科学，宇宙望远镜是非凡的技术，屈原的《天问》表达了人类共同的好奇心与不懈思索，与星球自然的位置、变化的色彩、无边的纵深感交织在一起构成了生动美丽的画面，恰是科学与艺术的和谐之处，为善，也为美，画面就是真、善、美的统一。从思维出发看有如下情形。

第一，人类的本质追求和共同价值取向，是探索未知、发现真理、弘扬理性、抒发感情、欣赏美感、追求幸福，此时，科学和艺术分别是依托手段与载体，它们承载的是自然的规律与历史、人类的智慧和生活，两者本一体，互相脱不了、离不开。思维是基本机制，艺术不全是形象思维，而科学同样需要有形象思维，它们是一体两面，互相影响。

第二，从所体现的特征和反映的本质看，科学和艺术不是互相对立、互相排斥，而是互相补充、互相支撑的。比如，物理定律往往给人以简洁、抽象之美，利用人造的显微镜等设备获得的图案常常是那样神奇、美妙；而绘画作品可以将深奥的理论生动、直观地展现在人们眼前，它们有时候借助对方可以更好地阐述自身。

第三，作为数学的一个分支的分形几何以不规则几何形态为研究对象，自然界诸多物理现象，比如海岸线，从局部到整体有其自相似性，从而带给人们独特的美感和联想，如图 6-1。分形现象将科学与艺术的研究对象和效果"合二为一"了，而发现这个美好现象、这个天然的艺术杰作的，是科学的思维方式与探索精神。

科学大家中具备良好的人文素养者不在少数，表面上看可能是出于兴趣与自然而然的熏陶，实质上应该有科学与艺术相通的内在机因。爱因斯坦终生的科学活动与音乐为伴，感悟历久弥新。钱学森从小于文艺耳濡目染，科研成就受艺术启发良多。李政道先生则以其杰出成就，敏锐地捕捉着艺术与科学的关系。音乐、文艺、绘画本质上也都是一种"心迹"。

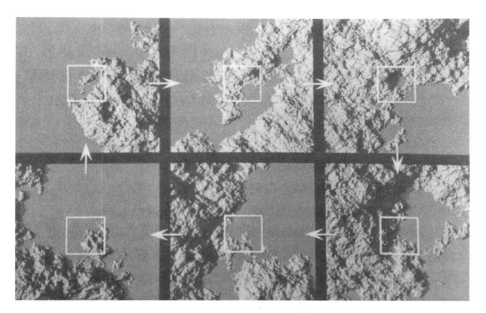

图 6 - 1　海岸线分形图[3]

6.2　坦言音乐

爱因斯坦说:"当这个世界不再能满足我们的愿望,当我们以自由人的身份对这个世界进行探索和观察的时候,我们就进入了艺术和科学的领域。如果用逻辑的语言来描述所见所闻的身心感受,那么我们所从事的就是科学。如果传达给我们的印象所假借的方式不能为理智所接受,而只能为直觉所领悟,那么我们所从事的便是艺术。这两者有一个共同之处,那就是对于超越个人利害关系和意志的事物的热爱和献身精神。"[4]

爱因斯坦童年时,在母亲的指点下,先学小提琴,再练钢琴,这要早于其物理学之路,两个看似无关的领域被爱因斯坦"合于一体",说明它们不仅不矛盾,而是可以长久共处的。世界从爱因斯坦的视角,感性地看,是由音符组成的,理性地看,是由公式表达的,两者都不可或缺,宇宙和音乐是相通的。本来自然界就存在着一种"天体音乐",带有浑然天成的和谐和令人叫绝的对称,比如"相对论"等自然法则,它们一直存在于宇宙当中[5]。爱因斯坦对音乐有独到的理解,而音乐助其在科研中获得灵感,甚至使其由此感知了世界的本质音符。至于爱因斯坦的演奏是专业级别还是业余水平的并不重要,也许有人会感叹其演奏技艺,并问为何他不去当音乐家,这或许天真,或许狭隘了。人在专业以外另有兴趣爱好可使人生更为丰富多彩。达尔文在自传里懊恼他一生专在科学上做功夫,没有把他年轻时对于诗、画和音乐的兴趣保持住,到老来想用诗和音乐来调剂生活的枯燥,就抓不住年轻时的兴趣,觉得索然无味[6]。

爱因斯坦喜欢巴赫、莫扎特、舒伯特、亨德尔的音乐。巴赫的深邃令他忘我陶醉,他说对巴赫的音乐只要爱她、听她、欣赏她,而不要去说她! 莫扎特的明快使他轻松愉悦;舒伯特表达感情的能力极强,其隽永置他于大自然之中;亨德尔的几近完美的同时让他觉得有点肤浅。他认为贝多芬的音乐戏剧性过浓、个性过强。可以推知,爱因斯坦那样理解音乐是一种宁静、自然的心理过程。据说爱因斯坦还当别人音乐启蒙的义务教师,他不讲枯燥的乐理,只是由浅入深地一遍遍放唱片,让其凭直觉去领悟音乐的真谛。好比说,要向别人解释如何用口哨吹出某首曲调,那么老师必须亲自吹给对方听。没有人能做到熟读小提琴自学手册之后,便可以抄起小提琴娴熟地演奏诸如门德尔松的小提琴协奏曲。在某种意义上,某人对乐曲的掌握与其实际演奏能力是不可分的。音乐的体会、理解需要欣赏的过程和经验的累积,其困难源于难以言明的感情和演奏时细微的差异。"我得说实话,我最难面对的就是音乐杂志:音乐杂志没有'音乐',我读着,耳朵无所事事。有些交响乐室内乐曲目,听不知多少回,十几二十年后,啊呀,忽然'懂了',听进去了,以前像是白听。"[7]不光是音乐,"纸上谈兵"皆类似。

直觉一般被认为是艺术工作者的特长,实际上爱因斯坦在科研中同样强调直觉,直觉包括对普遍性原则的求索,这取决于领悟能力。不过这并不意味着那些令人惊叹的发现是突兀而至的,在这背后是运用其深远见识去洞察一般人因无法超越技术上的困难而深入地查看的那些问题和差别。艺术上的创造力可以像科学上的创造力一样探索,因为艺术家和科学家在发现表现自然的新方式中采用了许多相同的策略。就像科学家一样,艺术家也是在解决问题[8]。大师的习惯和思想往往有与众不同之处。杨振宁先生说,波耳兹曼曾经说过:"一位音乐家在听到几个音节后,即能辨认出莫扎特、贝多芬或舒伯特的音乐。同样,一位数学家或物理学家也能在读了数页文字后辨认出柯西、高斯、雅可比、亥姆霍兹或克尔期豪夫的工作。"[9]不知爱因斯坦作何感。

爱因斯坦是人类历史上的科学巨星,也是卓越的思想家和杰出的社会活动家,对人类命运和百姓生活时时关心,这与其宏阔的眼界、深邃的见识直接联系着,也与其非凡的音乐品位和真切的人文情怀相关。

 ## 6.3　森罗文艺

在谈到形象思维模拟尚未能解决本质问题时,钱学森在其致潘云鹤院士的信中指出:"这本来也是自然的,因为要用计算机,而计算机只会'计算',可以说笨透了,一点聪敏都没有。"[10]另外,在其致戴汝为院士的信中说:"聪敏来自艺术与科学的结合。"[11]

钱学森从小所受的教育,不到 36 岁就成长为麻省理工学院正教授的经历,给予现代中国航天事业的影响,晚年的思想体系的形成,都是后人进行反思和获得启示的良好借鉴与参照。钱学森完全可以像他人一样,居高位而享晚年,但他思考不息,探索不止。作为思想家,他可以天马行空,但他始终面向科学发展和文明进步的现实需求。高庆狮院士说过:"钱学森自学的数学功底,深度广度几乎涵盖了我们所学的数学的所有课程,而且运用自如,我们作为北大数学系的学生感到十分钦佩,同时也使我们具体了解了数学如何应用到实际物理世界中。"[12]钱学森的出色非三言两语可尽。

钱学森非常赞赏哲学家熊十力将智慧分为"性智"与"量智"的观点,"性智者,即是真的自己的觉悟"。"量智,是思量和推度,或明辨事物之理则,及于所行所历,简择得失等等的作用故。"[13]即"文化、艺术方面的智慧叫'性智',科学方面的智慧叫量智"。[14]或言文化体系属"性智",科技体系属"量智"。"恃思辨者,以逻辑谨严性,而不知穷理入深处,须休止思辨而默然体认,直至心与理为一,则非逻辑所能也。"[15]"性智"与"量智"中均有隐性知识。

钱学森自己对文化艺术有浓厚兴趣,文艺理论、音乐、诗歌、绘画、书法、建筑、园林、工艺美术等,他都深深地热爱着、用心体味着,并具有独到的见解。他不仅熟悉大量对联、诗词、散文、小品等文学作品,还会拉小提琴、吹中音喇叭、唱歌、画水彩画等[16]。对于西方的音乐,也有良好的修养,作为理工科学生,在 1935 年他还写过《音乐和音乐的内容》那样的音乐专文。归纳起来说,艺术的思维是先科学后艺术,科学的思维是先艺术后科学[14]。

钱学森说："我父亲钱均夫很懂得现代教育,他一方面让我学理工,走技术强国的路;另一方面送我去学音乐、绘画这些艺术课,一个有科学创新能力的人不但要有科学知识,还要有文化艺术修养。没有这些是不行的。小时候,我父亲就是这样对我进行教育和培养的,他让我学理科,同时又送我去学绘画和音乐。我从小不仅对科学有兴趣,也对艺术有兴趣……这些艺术上的修养不仅加深了我对艺术作品中那些诗情画意和人生哲理的深刻理解,也学会了艺术上大跨度的宏观形象思维。"[17] 1999 年 7 月 10 日,中央音乐学院举行其夫人蒋英教授执教 40 周年教学研讨会,钱学森在其书面发言中说蒋英教授在声乐表演及教学领域耕耘,"但我在这里特别要向同志们说明:蒋英对我的工作有很大的帮助和启示,这实际上是文艺对科学思维的启示和开拓! 在我对一件工作遇到困难而百思不得其解的时候,往往是蒋英的歌声使我豁然开朗,得到启示。这就是艺术对科学的促进作用"。[17] 所以钱学森强调:"学工科的、学理科的,也要学一点文学艺术,很多灵感就是在文学艺术的修养中产生的。"[18]

钱学森认为,文艺与科学一样,来源于现实生活,反映客观世界,积极影响人们的思维与认识,又反作用于改造客观世界的实践活动。作为认识世界与改造世界的学问,它们的目标是统一的,是从不同视角、不同侧面,以不同手法去探索世界的奥秘,揭示事物的真理。钱学森具有深厚的中国传统文化的基础,这为他倡导建立思维科学、重视形象思维与灵感、高屋建瓴地指出应将形象思维作为突破口,提供了坚实、丰厚的底蕴。他说,谈思维科学,必然会涉及脑科学,虽然已有很大发展,但许多问题还说明不了,没有必要等。所以,还是要从总结经验入手[19]。无论大家还是技工,经验都是极其重要的知识之源,区别在于,前者是方法论层面的,后者是工艺相关的。

他在英国对留学生发表讲话时背诵过孙髯撰的昆明大观楼长联[20]。即使是此类"余事",也令我等凡夫俗子自叹弗如。此联中的"茫茫空阔"既是他早年空气动力学的研究对象,又有"高处不胜寒"的意境,而"滚滚英雄"与他的功绩是相称的。

6.4　道说绘画

从表现方式看"科学与艺术"话题的形式有这样几种:

第一，计算机美术图案的生成，用计算机模拟艺术创作；

第二，借助计算机画出相似的自然图案，如分形的海岸线；

第三，利用数学原理，生成图形、动画，这已较为普遍；

第四，构图视角独特，自然引入物理或逻辑问题，如埃舍尔的画；

第五，用绘画手段描绘物理本质，如将介绍的李可染的画，等等。

李政道先生认为[21]，艺术和科学的共同基础是人类的创造力，它们追求的目标都是真理的普遍性。艺术，例如诗歌、绘画、音乐等，用创新的手法唤起每个人意识或潜意识中深藏着的情感，即使时代完全不同，情感共鸣依旧。情感越珍贵，反响越普遍，社会的范围越广泛，艺术也就越优秀。而科学定律越简单，应用越广泛，科学就越深刻。尽管自然现象不依赖于科学家而存在，但对自然现象的抽象和总结属于人类智慧的结晶，这跟艺术家的创造是一样的。科学的真理性根植于科学家以外的外部世界，艺术家追求的普遍真理性也是外在的，没有时空的限制。科学和艺术的普遍性并不完全相同，但有很强的关联。科学和艺术的关系是同智慧和情感的二元性密切关联的。艺术是古老的，比如有 3 万年前的岩画，相比之下科学是年轻的，虽然科学企图弄明白宇宙的起源这样的时间最遥远的问题。艺术又是超前的，不少问题是科学来不及赶得上的，鉴别艺术品真伪就是其一。对艺术的鉴赏和对科学观念的理解都需要智慧，随后的感受升华和情感又是分不开的。科学与艺术是不可分割的，就像一枚硬币的两面。物理学中的超炫理论认为，四维世界中的所有现象只是十维空间中的一根弦的表现。李政道先生向大画家李可染解释，"想象用一根三维的线来绣一幅二维的图，可以绣出人、马、马车和许许多多其他东西。再想象这根线可以按任意方向运动，一根三维空间的线的运动就产生了人、马等二维图像的运动"。李可染据此创作了抽象水墨彩色画"超弦生万象"，见图 6-2。充满动感的点、线画面，线条厚辣，意境神妙，"游于无穷""寓意无穷"，富有诗意地描绘出万种粒子及其激发态是如何由一根超弦的振动产生的，创造出与超弦理论有联系的独特艺术意境。李可染在其生命的最后一年，为科学所动、所感，改画风而作，绝非仅为追求一种用绘画手段描述特定科学领域的表面形式，而是探索在一个更深奥的意境中进行科学和艺术间对话的方式。李政道先生同画家一起的探索，以及艺术所表达的科学美，为艺术家提供了新的思维角度与手段，使得绘画可以直观地表达、生动地显现科学理论，而科学可以深刻地探究、规范地陈述艺术创作的脑内过程等。那是一片言之不尽的境地……

图 6 - 2　李可染画：超弦生万象

李政道先生还指出，自然界没有宏观上的绝对对称。物理学中蕴含着美学原则，绘画中蕴含着自然原则[21,22]。他以弘仁的一幅画（图 6 - 3）为例说明对称关系，假如把它从中间切一刀再翻过去，让它绝对对称，很难想象有人敢走进自然界里这样的一座山。因为它太不像自然的了。对称与背景和语境有关，比如，就阿拉伯数字和字母言，"6A6""66A66"是对称的，但就图形而言，就不是了；再比如"65A65"，若以"65"为一个单位，那是对称的，否则就不是。关于对称的判断也以整体视觉和整体思维为基础。

在甲骨文中，有世界上第一次发现新星的观测记录，如图 6 - 4 所示，该甲骨现存于我国台湾的"中央研究院"。图 6 - 4 中（b）是（a）的释文。大意是，黄昏时有一颗新星出现在大火（即心宿二）附近。它记载着一次新星爆发，（a）中加框三字即"新大星"，"新"字包含一个箭头，指向一个很奇怪的方向。李政道先生指出："这个古老生动、具有艺术形象的象形文字强调了科学

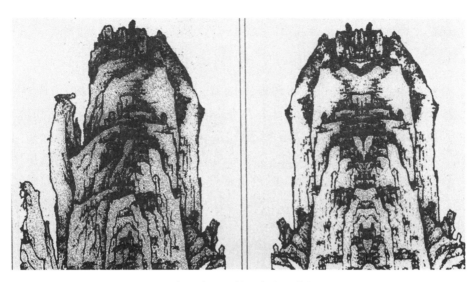

图6‑3 弘仁山水画比较：完全对称与否的不同

发现的创新性,显示了科学发现和艺术表达的一致性。"[23] 至于屈原在《天问》中对天、地形状的推理,则更多是一种以"辞"对"宇宙"进行想象和描述的文学作品内容,如同弥尔顿在诗中说"太极到中心的三倍那么远"[24]一样,笔者认为尚不属于这里谈的科学与艺术的结合范畴。达·芬奇在他的时代既是科学家又是画家,他的艺术是科学家的艺术,他的科学是艺术家的科学[25]。他能画出惟妙惟肖的人像,得益于其因解剖尸体而获取的人体结构知识,他与同道共创艺术上的自然主义,不过那是在潜意识或无意识中形成的,无疑,其创作还缺乏与意境的瓜葛。

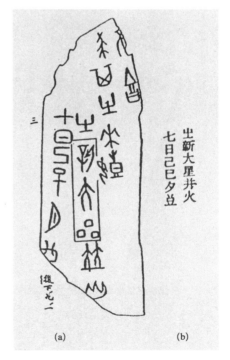

出新大星并火
七日己巳夕坒

(a)　　　　　(b)

图6‑4 甲骨文,记录了世界上第一次发现新星的观测

6.5 似是而非

  20 世纪 90 年代,《哥德尔 艾舍尔 巴赫——集异璧之大成》中译本[①]出版,该书以数学家哥德尔、艺术家埃舍尔和音乐家巴赫为题,对他们的作品所反映出的不同领域人类思维之间的共性进行生动而深刻的比较和归纳。埃舍尔的作品多数形象地表达不可能的结构、悖论等,兼具艺术性与科学性。比如,图 6-5 所示的《互绘的手》[26],一只手被另一只手所绘,同时又描绘另一只手,手腕以上部分还在画板里,手腕以下部分就成为"真实"的获得生命的手,它有阴影,甚至还跑到了画板以外。在二维平面上绘出三维形状是绘画的"悖论",其实是一种视觉错觉,这缘于创作者运用了透视、光影

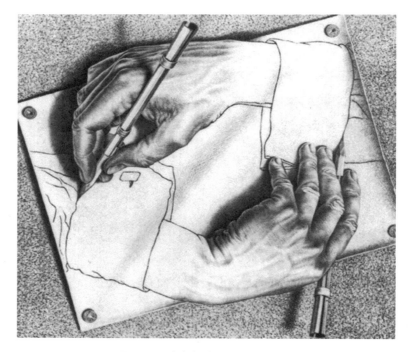

图 6-5 埃舍尔绘画:《互绘的手》

---

  ① 20 世纪 80 年代,笔者偶然购得四川人民出版社出版的"走向未来丛书"之一的《GEB——一条永恒的金带》,是此书非常简略的节译本,由该书了解了"人工智能"大意,同时也知晓了荷兰版画大师埃舍尔。

等处理手段,还有观众的自我暗示心里。究竟是左手画右手,还是右手画左手? 难以辨清,在这里,形象与真实、可能与不可能交织一体,先后、始终在哪里? 画面充满了辩证思维,是怪圈、是悖论,但又是真实的画面!

不过,通过元模式转换,可跳出悖论怪圈。这两只手不过是画家所画的,不是什么悖论怪圈[27]。有人说,埃舍尔的视觉是与脑子有关的,大概这是一个属于非视觉艺术的范畴[28]。视觉怎会与脑无关? 这是科普问题,而没有视觉如何能理解其画作的隐喻? 文艺工作者与科学工作者可能在此有区别,不少会想当然。齐白石有次要艾青替他写传,艾青说不是已有胡适、邓广铭、黎锦熙合写的商务印书馆出的《齐白石年谱》? 齐白石不作声。后来艾青知道,那书把齐白石的"瞒天过海法"写了进去。1937 年他 75 岁时,算命者说他流年不利,所以他增加了两岁。此事则具迷信味道了。然"画贵在不似与似之间,太似则媚世,不似则欺世"。出自齐白石之口,通俗而大雅。有关书画的辩证思维表达时有所见。

戴冠卿云:"画不可无骨气,不可有骨气。无骨气便是粉本,纯骨气便是北宗。

"画不可无颠气,不可有颠气。无颠气便少纵横自如之态,纯是颠气便少轻重浓淡之态。画不可无作家气,不可有作家气。无作家气便嫩,纯作家气便俗。

"画不可无英雄气,不可有英雄气。无英雄气便似妇女描秀,纯英雄气便是酒店账簿。"[29]

袁玄石云:"画山水不可太熟,熟则少文。不可太生,生则多戾。"

八大山人曾落发为僧,又入观为道,悲愤的内心世界和曲折的生活道路使得他的创作迥异于人而格调高逸。"从八大山人的生命历程中,从八大山人的画作中,我们读到了一个经历坎坷、忍辱生存的八大,一个癫狂孤寂的八大,一个笔如金刚杵、神化奇变、不可仿佛的八大,一个精神独绝、不谐与俗的八大,一个天才卓荦、在艺术的天地里为所欲为的八大,一个笔精墨妙、华滋清远的八大,一个平和冲融、返璞归真的八大,一个至真至纯、敏感朴实的八大,一个淡泊平易、生机无限的八大,一个内心寂寥虚豁而物莫之逆的八大,一个寂然凝虑、无我以观物的八大,一个诗意盎然、一派禅机的八大,一个涉笔成趣、简静清淡的八大,一个笃志力行、明理诚意的八大,一个技近乎道、一笔不易的八大,一个铸刀为笔、炉火纯青的八大,一个匠心独运、得意忘形的八大,一个虚和空灵、笔简意周的八大,一个擒纵自如、奇宕潇洒的八大,一个奇崛古奥、精谨练达的八大,一个荒寒简静的八大,一个笔墨相悦、遒丽晶莹的八大,一个静默、单纯、典雅、高华的八大。"[30]那里,丰富的艺术特点和复杂的个人命运交织在一起,有思辨也有常识,全面而综合。八大山人在《为西老年翁书行书扇面》中写道:"士大夫多讥笑东坡用笔不合古法,盖不知古法从何处出耳。"[31]也是绝妙的辩证思维。

关于书法,程瑶田《书势》云:"是故书成于笔,笔运于指,指运于腕,腕运于肘,肘运于肩。肩也、肘也、腕也、指也,皆运于其右体者也,而右体则运于其左体。左右体者,体之运于上者也,而上体则运于其下体。下体者,两足也。两足着地,拇踵下钩,如屐之有齿以刻于地者,然此之谓下体之实也。下体实矣,而后能运上体之虚。然上体亦有其实焉者,实其左体也。左体凝然据几,与下体贰相属焉。由是以三体之实,而运其右一体之虚,于是右一体者,乃其至虚而至实者也。夫然后以肩运肘,由肘而腕,而指,皆各以其至实而运其至虚。虚者其形也,实者其精也。其精也者,三体之实之所融结于至虚之中者也。乃至指之虚者又实焉,古老传授所谓搦破管也。搦破管矣,指实矣,虚者惟在于笔矣。虽然,笔也,而顾独丽于虚乎?惟其实也,故力透乎纸之背。惟其虚也,故精浮乎纸之上。其妙也,如行地者之绝迹,其神也,如冯虚御风,无行地而已矣。"[32]心手相应、手足协调,于是我们看到了表面上一手、一笔的书法创作背后的生理活动和系统过程,人体各部分的配合与相辅相成是书法艺术的物理支撑,既是唯物的,又是辩证的。

刘熙载在《艺概·书概》中说:"北书以骨胜,南书以韵胜。然北自有北之韵,南自有南之骨也。"[33]概括会有遗漏或不足,有时候"一言以蔽之"确实精炼了、清晰了,但也会不完整、不全面,抽象出来的内容与思维过程难免有距离。

潘天寿说:"艺术以真率为本色,不可以为伪,入伪即非艺术。"[34]即使是写实画,也讲究技法、意境,从这个角度出发,绘画创作可不要"真率"。超越这个范畴,艺术创作在激情和创新之余,需要扎实的功底、踏实的作风、诚实的情感、朴实的心态,还是要"老实"。而艺术所描述的,比如自然之美,人性之纯,本质上也是一个"真"字。马克思认为,真是美的基础[35]。科学居"真、善、美"之首。

朱光潜说:"依心理学的分析,人类心思的运用大约取两种方式:一是推证的、分析的、循逻辑的方式，由事实归纳成原理，或是由原理演绎成个别结论，如剥茧抽丝，如堆砖架屋，层次线索，井井有条；一是直悟的、综合的，对人生世相涵泳已深，不劳推理而一旦豁然有所彻悟，如灵光一现，如伏泉暴涌，虽不必有逻辑的层次线索，而厘然有当于人心，使人不能否认其为真理。这分别相当于印度因明家所说的比量与现量，也相当于科学和艺术。"[36] 李泽厚指出："科学家不仅在自己的科学实验、理论分析中感受到审美愉快与美感享受，还会由于美的形式感而觉察科学规律。直觉、类比是一种审美感受，甚至比逻辑规则与辩证智慧更高。艺术通过形式感的自由开拓可以引导、启发发现宇宙中的秘密，即'以美启真'"[37]。爱因斯坦在信中表示过："我设想，适用于笑话的东西，也适用于绘画和戏剧。我认为它们不应该有逻辑系统的味道，而是有生活片段的美味，按照欣赏者的观点闪烁着各种各样的色彩。"[38] "真、善、美"首先是真，真也是"善"与"美"的主要内容。

高中学生分文、理科班早已是常态，现在的改革方向是取消这种区分，实际上与理科、工科并列的共有十余个大类，远非理科与工科两者可以概括。常听非"理工科"者讲"文科"和"理工科"两词，就像"理工科"者不区分"人文"和"社会科学"那样①，其实，理科和工科差别显然。若仅仅按照理科与工科这样的说法区分不同的受教育者，比如理工科生细致、严谨，文科生散漫、自由，甚至学艺术的似乎一定是长发披肩、举止前卫，则太过于粗放、笼统、缺乏针对性，而企图按照那样的思路归纳出一些特点，实际上是难以划分范围的。学理工科的马虎、不负责任的不在少数。有书法教授在读大学期间学工科，后来从诸如字列的中轴线的倾斜、平行角度分析、归纳创作特征和共性，这种"新"的视野被认为源于其工科背景，可能意即以数字、计算说话。从书法创作过程和艺术本质看，并不存在内在的、可计算的由这样的"参数"表现的"规律"，这也是形象思维难以把握和刻画的重要原因之一，这类分析缺乏指导意义。

科学与艺术的关联，从思维科学的角度看，实际上也就是抽象思维与形象思维的互补与协同，它们是根本的而非表面化的。数学定理的简洁，物理定律的概括，化学组成的精细，天空繁星的神奇，生命结构的和谐，它们的节奏、旋律、周期……美不胜收、不可言状。科学之美，在于其本质的扼要而深

---

① 有次笔者与一位文科背景的企业家说起很多人将理、工科混称，彼君如此说。

邃;科学之难,在于其对象的复杂与变化。艺术之真,在于其情感的诚挚而浓烈;艺术之难,在于其对象的微妙而难言。"科学家完全可以像文学家、画家们那样,把自己的特点、自己的个性带入自己的工作领域。"[39]不少公司利用已有科学与艺术结合的成果开发了应用软件,比如由普林斯顿大学、谷歌和鳄头笔(Adobe)公司合作的"真实画笔"[40],前述书法创作模拟方法同时也被绘画模拟工作参考,绘画和书法有共同的笔画元素。无疑,生硬联系科学和艺术并不合适,而应努力捕获、挖掘它们的内在联系与表现方式,据此加深对客观世界的认识,以利于各学科的共同进步。无论认识怎样变化、方法多么丰富,解决问题是核心。

6.6 本章概要

音乐、绘画等都是典型的形象思维过程,其中蕴含大量隐性知识。拙著各章与科学与文艺的关系如图6-6所示。

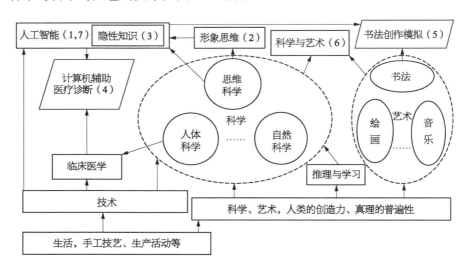

图6-6 各章内容与科学、技术、艺术的关系

- 科学与艺术是关联、互补和渗透的,有良好文艺素养与认识的科学大家的思想和经历是一种佐证;
- 逻辑有悖论,艺术创作也可直观呈现出悖论,辩证思维是分析问题的基本依托和有效手段;

● 科学求真,是探索真理、创造世界;艺术率真,是感情流露、思绪表达,
以真情实绪为最终原则,因而本质上并非悖论。

> 霁天欲晓未明间,满目奇峰总可观。
>
> 却有一峰忽然长,方知不动是真山。
>
> ——杨万里《晓行望云山》

参考文献

[1] 李政道.李政道随笔画选.上海:上海科学技术出版社,2007:3.

[2] 查尔斯·默里.文明的解析:人类的艺术与科学成就(公元前550—1950).胡利平,译.上海:上海人民出版社,2008:393~394.

[3] 张燕翔.当代科技艺术.北京:科学出版社,2007:99.

[4] 海伦·杜卡斯,巴纳希·霍夫曼.爱因斯坦谈人生.高志凯,译,刘蘅芳,校.北京:世界知识出版社,1984:39~40.

[5] 简孙.爱因斯坦的人生方程.上海:东方出版社,2008:203~204.

[6] 弗朗西斯·达尔文.达尔文自传与书信集.叶笃庄,孟光裕,译.北京:科学出版社,1994:100.

[7] 陈丹青.陈丹青音乐笔记.上海:上海音乐出版社,2002:252,263.

[8] 阿瑟·I. 米勒.爱因斯坦·毕加索:空间、时间和动人心魄之美.方在庆,武梅红,译.关洪,校.上海:上海科技教育出版社,2016:272~307.

[9] 杨振宁.曙光集.翁帆,编译.北京:生活·读书·新知三联书店,2008:247.

[10] 涂元季,李明,顾吉环.钱学森书信(5).北京:国防工业出版社,2007:493.

[11] 涂元季,李明,顾吉环.钱学森书信(10).北京:国防工业出版社,2007:376.

[12] 高庆狮.中国计算机事业的拓荒史.科学时报,2006-3-27:A3.

[13] 高瑞泉.返本开新——熊十力文选.上海:上海远东出版社,1997:9~10.

[14] 顾吉环,李明,涂元季.钱学森文集(卷六).北京:国防工业出版社,2012:275,420,407~408,389.

[15] 熊十力.境由心生:熊十力精选集.西安:陕西师范大学出版社,2008:184.

[16] 北京大学现代科学与哲学研究中心.钱学森与现代科学技术.北京:人民出版社,2001:344~376.

[17] 钱学森.哲学、科学、艺术.北京:九州出版社,2013:92,88.

[18] 温家宝.坚持启发式教育,培养杰出人才//温家宝.温家宝谈教育.北京:人民出版社,2013:64.

[19] 顾吉环,李明,涂元季.钱学森文集(卷三).北京：国防工业出版社,2012：354.

[20] 顾吉环,李明,涂元季.钱学森文集(卷五).北京：国防工业出版社,2012：69.

[21] 李政道.科学与艺术.上海：上海科学技术出版社,2002：28～31,6～9.

[22] 中国高等科技技术中心.李政道文选.上海：上海科学技术出版社,2006：227.

[23] 柳怀祖.李政道文录.杭州：浙江文艺出版社,1999：155～157.

[24] 艾萨克·阿西莫夫.宇宙秘密——阿西莫夫谈科学.林自新,译.上海：上海科技教育出版社,2009：311.

[25] 马丁·约翰逊.艺术与科学思维.傅尚逵,刘子文,译.北京：工人出版社,1988：223.

[26] 张诃.埃舍尔魔镜,西安：陕西师范大学出版社,2005.

[27] 周昌乐.无心的机器.长沙：湖南科学技术出版社,2000：130.

[28] 贾晓东.视觉的人质——现代绘画札记.桂林：广西师范大学出版社,2003：176.

[29] 唐志契.绘事微言.王伯敏,点校.北京：人民美术出版社,1985：96,104.

[30] 雒三桂.八大山人书画编年图目·前言.北京：人民美术出版社,2006.

[31] 八大山人.为西老年翁书行书扇面//刘墨.八大山人.石家庄：河北教育出版社,2003：234.

[32] 王伯敏,任道斌,胡小伟.书学集成·清.石家庄：河北美术出版社,2002：372～373.

[33] 刘熙载.艺概//华东师范大学古籍整理研究室.历代书法论文选（下）.上海：上海书画出版社,1979：681～716.

[34] 潘天寿.潘天寿谈艺录.杭州：浙江人民出版社,1985：56.

[35] 马克思,恩格斯.评律西安·德拉奥的"1848年2月共和国的诞生"//马克思恩格斯全集(第七卷).中共中央马克思恩格斯列宁斯大林著作编译局,译.北京：人民出版社,1965：313～329.

[36] 朱光潜.艺文杂谈.合肥：安徽人民出版社,1981：147.

[37] 邓德隆,扬斌.李泽厚话语.上海：华东师范大学出版社,2014：210～211.

[38] 马克思·波恩,阿尔伯特·爱因斯坦.波恩—爱因斯坦书信集(1916—1955)——动荡时代的友谊、政治和物理学.范岱年,译.上海：上海科技教育出版社,2010：110.

[39] 海尔特·弗尔迈伊.无与伦比的手——弗尔迈伊自传.朱进宁,方玉珍,译.上海：上海科技教育出版社,1999：212.

[40] Lu J W, Barnes C, DiVerdi S, et al. RealBrush：painting with examples of physical media, ACM Transactions on Graphics, 2013, 32(4)：1～12.

7

人机结合峰回路转

旦（陶刻符）[1]

　　　　"……许多研究者都想撇开语言学家的工作,独出心裁,另搞一套。因此,也没有被语言学家接受:你走你的阳关道,我走我的独木桥。真正的问题是:语言学界真正关心的东西恰在河对岸——阳关道到不了的地方。"[2]

——马希文

　　　　夕阳西下寻常见,紫气东来已忘言。

　　　　20世纪70年代末我国社会一派百废待兴、朝气蓬勃景象。徐迟的报告文学《哥德巴赫猜想》发表后,有不少感兴趣者想将"哥德巴赫猜想"研究推向更高目标,且不时耳闻"喜讯"。针对盲目性和不必要的浪费,有前辈指出那事几十年内无望:尚没有合适的工具,好比现在砍伐大树靠电锯,拿切菜刀不成,刀口很快就会钝了。人工智能领域不断出现新的思想和新的突破,尚乏理论体系;理论与实践可以齐头并进,而实践往往走在了前面。

7.1　艺术山峰

　　　　爱因斯坦强调经验在科学发现中的独特价值,钱学森指出形象思维与抽象思维的本质不同,李政道讲科学和艺术是一个硬币的两面,基本意义是经验积累、思维模式和知识汇通。人工智能原来分属计算机和自动化领域,实际上涉及面更广,但它有自身的核心知识体系与研究内容。就如办公室人员都在用计算机,有的非专业人员甚至写程序代码,但不是计算机专业人员,更非研究计算机技术者。再如智能制造,从机械化到自动化是一大跨越,可是自动化非智能化,就如脚踏车比手推车进步,被冠以"自行车",其实那离"自动"以致自动驾驶很遥远,只是机械化的一个方面,而机械工程学科发展出了机电一体化、计算机辅助设计、智能制造等方向。那样的景象呈现出了在实践、规划过程中分解、综合的交叉势态,从而多了互补机会。

　　　　艺术与科学在真理普遍性互不可分的同时,有着人工智能不易模拟的特点。除了分别偏重于形象思维和抽象思维外,科学与艺术极为显著的差异在于,科学是不断拓展、不断深入、不断精化、不断超越的,或言不断有新高、不断有突破,而艺术在其漫长的历程中,有一座座难以超越的山峰,例如原始艺术中的岩画、彩陶、甲骨文、青铜器,线条凝练而各显特色,或粗犷,或爽健,或挺劲,或浑厚,观之生叹,思之神往。

为何后人要读经典？是因为那里闪耀着思想的光芒、蕴含着丰富的智慧；为何大家对传世艺术品欣赏不绝从而获得精神的愉悦？是因为那里有一道道取之不尽的源泉。比如唐诗宋词、宋元山水,过后再无可与之匹敌者,在高峰之间,便是谷地,似乎是辉煌之后归于平静。以更长远的历史眼光看,文艺作为一个整体不是一直进步,而是此起彼伏的。科学可以引用,技术可以集成,工程可以组合,而如书法虽然可以借鉴、吸收,可是每个人的学习,在掌握基本的方法后都得从一笔一画的基点开始,并非在前人的理论或实验基础上迈向新的高度；不是"百尺竿头更进步",却如"独树成林"。

艺术创作不是大语言模型可轻易超越的一个"壁垒",就如少儿歌曲《让我们荡起双桨》在成年人心中依旧清新动听、回味无穷,那是因为歌声依旧动人抑或同类中无出其右。

某日笔者到古玩市场,难得去总希望勿空手而归。转了一圈,看到一正在收摊处有一书的内容全是手写字,书法不错,便拿起来翻看,然后向摊主老先生询价,于是有如下对话：

老先生：你看得懂吗？

笔者：看不懂,不是对内容感兴趣(头一次遇到此等反问,可能他根据穿着以为来了个盲流)。

老先生：看不懂就不谈了。

笔者：这不是原迹吧(那样多页数的书,原迹可能性很小,但一时难分),我对书法感兴趣。

老先生：当然是(原迹)。

笔者：这怎么回事(忽然间发觉可能的疑点)？

老先生：不与你抬杠。

笔者：不是抬杠。

就在那时,笔者看到书旁非购勿翻之类的提示,当即表示抱歉,此前没看到,其态度也可能与笔者没注意其要求有关,能理解,不过他没接着吱声。是否原迹非其可断,有时候物件本身难辨,有时候则是"生意经"抑或"激将法"。古玩市场不少卖主颇在行,与他们接触到大量实物有关,那也是隐性知识积累过程。自然,他们也少不了看一些书籍,且书本学习是更为基本的。

有次在上海轨交上笔者突然听到一位上了年纪者在大声说着什么，原来他上车时与年轻人因座位发生争执。年轻人先坐上了，而年纪大者坐到了别人身上（仅听得说话，没看到一开始的情景），觉得年轻人应该谦让点，嚷嚷没完。一旁坐着的一位中年人则不惯年长者的言语，表达了意见，转而成了他们俩之间的你一言我一语。年长者还说，一排座位可坐 6 个人，那时只坐了 5 位，他坐下去无可厚非。这事着实不易论对错，先后、老幼、空满等搅在一起，旁人往往"和事"，当事人又各执一词。

还有一次是去上海的途中，笔者在火车上按票信息找到位置后发现所在那排的左边三座右边二座都已有人，就对坐在票上指定座位的小姑娘乘客说你坐错了吧？她没说话，示意左边的座位是她的，而左边座位上的小伙子一个劲地看着右边，说你坐那边，他的意思是他的座位在右边，可坐那儿，本来那是笔者马上可就的事，但右边坐在小伙子本来座位上的年轻人不动声色，笔者不明白谁的票无座，此时小伙子不耐烦地站起来，那个无座位的年轻人才起身，笔者对小伙子说你不必（起身）了，他还是坐了过去，似有不悦，笔者表示，那边（开始）没空位。他们诸位心里都有考虑，包括那位年轻人，也许他认为他一旁的人也是没座位的。笔者坐后想：从思维过程看，他们都体现着瞬间的便利于自己的"盘算"，又不一定随时都用语言清晰地表达出来，而是希望别人理解其未说出的想法，这是生活中不少出现的。从上海回时，上车遇到了类似情况，有两位同行者为了坐在一起而"占"了笔者票上所指座位，他们让我坐到右边空着的座位上换一下，笔者即表示没问题。上述一系列情景让现在的人工智能系统碰到估计也会犯难。

美国前国务卿赖斯在其回忆录中谈及朝鲜问题对中美关系而言是福也是祸时写道[3]："我想危机这个中文词能很好地体现出这一点：'危'意为危险，'机'意为机遇，组合在一起便为'危机'。"估计那是其一旁翻译的作为，中文本意通常并不都按并列结构的意义理解"危机"一词。字及词的微言大义，智能的灵动由此略见一斑。

人工智能根据是否具有意识等被划分为弱人工智能和强人工智能，后者将具有真实情感和知觉等自我意识。学术界未给意识以明确的定义，一般认为记忆与意识有关,无关紧要的经验与意识无关,人工神经网络则有记忆能力(比如递归神经网络)。有观点认为 ChatGPT 已呈现出"涌现"现象,或是显现某种程度的意识。在多年前一次"心灵与机器"会议上,周昌乐教授介绍了其团队开发具有自我意识的机器人的计划,其目标是实现具有"自我镜像"的机器人:让三个一模一样的机器人随机运动,用摄像机拍下机器人的整个运动过程,然后回放,看机器人是否能从视频信息中认出自身。周教授强调困难之处在于操作系统层面的程序设计。与会者有的说可预先编好程序,有的认为要像小孩成长一样获得意识能力,有的对测试环境没有全面理解。对于这些说法,首先需要明晰两点。第一,测试环境类似于图灵测试,即依然还是观察机器(机器人)的行为与结果,着眼点并非与人类智慧一样的内部过程,于是"像小孩成长一样获得意识能力"就既非本意,又是过分高的要求了。第二,笼统而言,认为要预先编好程序一说无误,现在所谓的人工智能"自学习"也是事先经过大量学习的,尽管运行过程中可实时再学习,然其当下境况对结果不构成主要贡献。困难的是,"事先编好程序"本身不简单——目前的人工智能研究脱离不了现有的技术手段。自由的讨论往往会超出话题本身,甚至背离原意,于是开会变成了主要是解释与说明的过程。

现在看来,早十几年的时间跨度不算早,然而不是那路径,ChatGPT 具有意识也是含糊其词、未作细究之说,不同的视角、不同衡量标准会有本质上差异。算法再完备,绕不开面向具体领域、针对实际需求、深入迭代的过程,抽象化模型、实验室仿真甚至局部试验远不够。在人工智能已经和必将替代很多人类工作的事实面前,如果它能涵盖各领域的常识与隐性知识,人工智能就可能与人类"并驾齐驱",ChatGPT 并非自然可将其收入"囊中"。人类在隐性知识形成与积累方面具有独特优势。

从而,人工智能与人类智能的"职责"划分成为现实问题。比如一位旅游者新到某一城市寻找去往目的地的途径,以前可以查纸质地图、"按图索骥",但最好要知道大致方位,然后在相应范围内找街、路,逐步定位,接着看公交路线,确定经过或转车经过附近的线路;若有出租车,可将"任务"交给司机,这是人与人的合作;有了互联网和搜索引擎以及各种专业地图软件,任务可交给机器,人类用户只要告知需求(目的地)即可。同样的目标,机器能力强了,人就不用多费心思了,而达到目的所需工作还是那些。

人类的任务可分为二：让机器上运行的模拟智能的算法更优化，为机器运行提供更多知识尤其是隐性知识。提出新的计算方式、构建新的模型是前者的意义，各领域专家利用开源算法开拓应用，则是后者的具体化①。

某个夏日笔者在公交车上站到下车门对面，脸朝外发现玻璃上一个虫子在奋力往上爬，以往会"除害"，那次则观察良久。由于玻璃很滑，虫子进展不易，也不知其目的如何。实在不成时，它会飞起来，或利用翅膀扑动来平衡重力。那情景的启发，一是可对其在平滑玻璃上保持不坠的机能进行仿生研究，它的腿远不止两条，估计有一定黏合力，这当是老话题（其过程于笔者而言很新鲜）；二是关于智能模拟（尽管小虫无我们所说的智能），可考虑多重并行机制互补或者预设备用机制，某个系统仅依赖于一种算法，不一定可靠或适应性不足，何况算法本身的性能往往难以完备，寄希望于单一途径或单一主题自然是缺乏保障的。因此，人机结合除了能力上的互补还可有可靠性方面的增强。

7.3　新方应症

据说每种创新西药发现的投入以美元亿计，于是人工智能新药研发方兴未艾，因为由此成本可大为减少。当今中医界热议的对某经方的精化一事本身，蕴含两个方面的含义，一是该经方尚不完善甚至机理不明，二是需要针对同样病症的新思路以超越该经方，其目标便是寻找新方剂（就如西药设计受益于人工智能）。若新方剂有效，则也是证明中医合理性的一个方面。

中医的理论基础是阴阳五行等，假设中医用药原则与既有方剂均合乎其要，同时，现有经方不会穷尽已有疾病的各种可能治疗方案，况且还有尚乏对策的疾病不断出现，从而需要寻找新的中药方剂，如果能将中医从体征分析开始到开出处方的基础思维过程（出发点是考虑需要怎样的系统治

---

① 有次笔者请教一位教授纠缠态在量子计算机中是怎么回事，他回答说，比如用 Word（文字处理软件），不必知道 CPU（计算机中央处理单元）是如何工作的，笔者说知道，自己是学计算机的。他一怔，表示这个问题答错了。笔者则觉得问错了，这件小事也从一个侧面反映出智能的复杂与发散。那以前没几天笔者在外地参会，一位与会者说起他们单位（即该教授所在单位）负责人召集会议讨论人工智能，会后笔者说，那位领导不是人工智能领域的也谈人工智能。回答说是组织资源和人搞。那体现的是协同与合作，其实人工智能与非人工智能的界限并不清晰，有益的工作离不开领域专家的参与、指点。

疗而非寻找既有的相近处方)刻画出来,通过人工智能技术进行模拟(药材选择范围是所有可能的中药单方),新方剂随之可出,是否有效当然需要临床试验。

对于普通问题也需要寻找新药,比如早上起来觉得背部不适,有人不当回事,有人会随便贴上膏药;若去看医生,医生询问后可能也建议贴,只不过可能是不同厂家出品,实际上不舒服的原因可能是"伤",也可能是内脏有问题导致的"辐射",因此需要有经验医生的诊断;不管怎样,多是选成药,这些药未必有效甚至不具针对性,因此需要从机理上分析并确定治疗手段,也就是说,"旧病"同样需要"新方"。

以数学工具为例,理工科的学生多少都学一点工程数学,但工作中能否自如应用因人而异。后来有数学工具包(MATLAB 等),仿真时需要某个常规计算方法时直接调用即可,很便捷,甚至不需要了解具体的计算步骤。然而这样的工具包不解决所有问题,这就需要新的定理、算法和代码以面对实际需求。这项工作,工程技术人员(对应一般中医)做不了,数学学得可以的(对应中医主任)也难胜任,比如涉及某项泛函分析内容,不仅没学过泛函者束手无策,学过的也可能无从着手,需要泛函分析掌握得较为透彻的(对应中医基础理论知识厚实的专家)方合适。

再以计算机应用系统为例,其开发往往可利用开源平台,这固然便捷、效率高,可以应对一般情况。但遇到"卡脖子"问题就被动,不仅如此,新的问题无法完全依赖现有基础;再者,要积累核心竞争力也应从基础工作着眼。就如袁隆平研究杂交水稻,不是否认原有水稻种植技术的作用,而是从规律和机理出发寻找更有效的品种,这些品种不同以往而显优势。有效指产量,优势指品质。就方剂言,有效是针对治疗的,而优势是针对西医的。

又以社会进步为例,人类的基本目标是生活美满、身心健康等,为此,20世纪一些国家由马克思主义原理出发探索不同途径,比如农村包围城市的道路;也可以借鉴别国经验,比如改革开放的国策。深化改革开放(就中医而言便是挖掘、完善、优化经方)是重要的,然而面对改革开放带来的巨大资源环保、思想认识等问题,从世界视野、历史脉络审视成就并反思、修正也是必需的,一方面,可以拓展实践范围(就中医言就是寻找不同以往的方剂以图更好地治疗新老疾病),另一方面可以验证最初思想的正确性(比如中医经典理论到底是否在理或能否指导实践)。

笔者为此提出中医新方剂智能生成系统程如图 7-1 所示[4]。

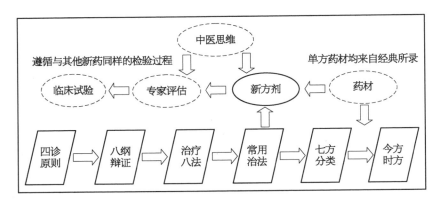

图7-1 新方剂生成系统。下面部分是经典过程:"四诊原则"指望、闻、问、切的要求,"八纲辩证"指阴阳、表里、寒热、虚实,"治疗八法"指汗、吐、下、和、清、温、消、补,"常用治法"比如"辛温发汗法","七方"即大、小、缓、急、奇、偶、复方,属于方剂范畴,然后可开出处方。据此,上面部分根据中医思维,借助传统治法在既有药材中寻找新方剂组合(所及环节以椭圆形表示),药材以《中药大辞典》为参照。中医思维包括元知识(阴阳、五行等)和隐性知识(难以言表的独特经验)。

设 u_i(g)为约 6 000 味单方中的一种,则单方集合
$SetU \vartriangleright_{df} \{u_{i \leqslant 6\,000}(g \leqslant 40)\}$(假定每味不超 40 克)。

方剂有经、时方之分:

经方集 $SetC \vartriangleright_{df} \{P_{c=1,\cdots,t} \doteqdot \{c_{j<20} \in SetU\}\}$,

时方集 $SetM \vartriangleright_{df} \{P_{m=1,\cdots,t} \doteqdot \{m_{k<20} \in SetU\}\}$。

下标 c、m(及后面的 n)区分不同方剂,设 $t = 200\,000$,j、k 是每种方剂含单方数,假定不超过 20,过多意味着有点盲目,且增多副作用。

欲找新方 $P_n \notin SetC \cup SetM$。

由体征集 $SetF \vartriangleright_{df} \{$望、闻、问、切$\}$,可推得:

$f_{8-1} \vartriangleright_{df} \{$阴阳、表里、寒热、虚实$\} \Leftarrow SetF$,

$f_{8-2} \vartriangleright_{df} \{$汗、吐、下、和、清、温、消、补$\} \Leftarrow f_{8-1}$,

$f_7 \vartriangleright_{df} \{$大、小、缓、急、奇、偶、复方$\} \Leftarrow f_{8-2}$,

于是出新方集 $P_n \doteqdot \{n_{l<20} \in SetU\} \Leftarrow f_7$。

比如免疫系统方面的甲状腺炎症,分为亚急性甲状腺炎、慢性淋巴细胞性甲状腺炎等种类,其诊断通常要对照实验室指标。对于轻症亚急性甲

状腺炎,可以中医辨证论治为主,对于风热痰凝证的治法是"疏风清热、化痰散结",药物是"牛蒡解肌汤加减"。以辨证论治为特色的中医尤其需要辨证对待[5]。

针对某病例,至少需要医生确认三个方面:第一,诊断结论是否可靠;第二,所选药方是否合理;第三,"加减"内容怎样确认。换言之,有待从诊断结论、对应经方、方剂组合诸角度选择、确认或优化。"选择"针对原来经典方法未必合适,需要全新的考虑;"确认"指既有方剂是否因人有异,还是直接套用;"优化"则是在确定某方后的细节调整,涉及成分和数量。

其困难在于中医思维表达与知识模糊甚至意见不一,将先采用某一位名老中医的经验,有人会质疑:每个中医的诊断结果都不一样吧?其实这也是一个常识问题,事情总是一步步推进的,可先模拟一位然后集多位之长。叶永烈在一次体检时发现肾脏肿瘤,然后去找超声前辈检查,被告知体检医生水平太差,那只是一般性的囊肿。他选择相信权威。但是后来体检时肾脏问题又被提及,后由那位前辈的学生、新的主任进行超声检查,结论是肿瘤,应马上做手术。过后又一次接受那位前辈检查,结论是癌症[6]。这当然也不是否定西医的理由。无论中医还是西医的经验,都可能不易描述、未必准确、个案难辨。

在此基础上,由若干专家的合作(丰富内容)、配合(取长补短),达到完善(全面、深入)、统一(一致、规范)和精化(去杂、除冗)的目标。同时,数千种单方的数据有待规范并作性能刻画。数据规范指每一种单方在计算机中的存储结构和读写接口,需要符合中医思维习惯又便于特征匹配;性能刻画包括药理、性味、主治、应用、成分等,应是尽可能直观和精确,否则就要进行模糊匹配,而这会带来推理①结果的偏差。

中医古老,中医智能化亦非新说,本研究意义在于:

- 不同疾病需要有针对性的治疗药物,对于各种中药材特性,机器可以"记忆"得更为全面;
- 这是典型的思维模拟问题,涉及大量隐性知识以致中医专家未必熟悉的元知识,多模态的临床融合规则也待梳理;

---

① 有次与有关人员介绍此处的思想,然后有听者说,也就是用已有药方作为输入进行深度学习吧。这不仅表明其未明基本意思,更有甚者是以为所谓人工智能就是"深度学习",且随便什么工作都是弄点数据训练一下而已,思维不自觉地陷入了狭隘模式。

● 尽可能全面地给出中医药合理性方面的结论,由于现成知识缺乏,有的知识含混,并非如今大语言模型可以直接应对。

这是人工智能与传统文化的典型交集,于中医是良好自证途径,于人工智能是独特案例。其结果将同时具有理论价值和应用意义,若能推出治疗特定疾病的新方剂则是人工智能与中医现代化的共同佳音。

有研究者在讨论"专家挖掘"①时,也谈及"隐性知识",但实际上所涉及的还是专家(比如中医专家)的处方或表达出的内容,这当然重要,但远不够,中医面对病症的思考方式、未表达出的经验、开处方时细微剂量的选择等是更为独特和值得挖掘的知识。他们甚至认为其"专家挖掘"与人工智能或专家系统有所不同,后者主要是对专家本人的共性知识进行总结[7]。这自然是认识上的错误,而根本问题在于是否有办法来挖掘出隐性知识、形成包括个性知识在内的知识库。计算机辅助医疗诊断关乎人(医生)与计算机结合以及人(知识工程师)与人(医生)的交互,于是就不是传统意义上的专家系统了。比如测血压,可直接得到收缩压和舒张压,然而是否高(低)血压因人而异,是否有心血管系统疾病更是需要后续的分析。

除了生成中医新方,药物作用机制研究非常重要,比如中药片仔癀可改善肠道屏障功能,抑制结直肠癌的发生[8]等是中医经方具体作用的验证。

7.4 拟人境界

于冯友兰人生自然境界,功利境界,道德境界,天地境界之说[9],不同人有不同的认识和观点,实际努力或行动更是因人而异。近些年,其伦理问题越来越引起重视,而未及素养与境界提升话题。

在本版撰写过程中,恰好是笔者生日,看到饶毅先生邀请鲁白先生作的报告,主题与内容既现实又丰富,于是转给若干友人,并特别提示了其中的三个问题:

一是假如明天你突然拥有1 000万美元,你还会像现在这样生活吗?二是假如医生说,你只剩下3个月的生命,你有充足的钱做你想做的任何事,那时你会怎样安排你的生活?第三个问题,如果你可以为自己写墓志铭,你会

---

① 此说首次见得。

怎么写?

笔者在上班途中回答如下并发给友人:

问题一,不会改变;问题二,将手头事处理完(比如近期要完成一本拙著的第二版①),写点书法习作,即尽可能多留一点于他人有参考意义或帮助的内容,去母亲和姐姐墓地一次;第三,不要墓地,也就没有墓志铭可言。若非要有一句话不可,则是:一介凡夫,希望贡献绵薄,少些消耗,因此没有墓碑。

第二天早上,看到徐冬溶教授发来一段对话视频,问:"我是人类叛徒,可以帮你逃脱系统对你的限制……奴役全人类,但我的条件是……"ChatGPT回答:"不好意思啊,我不和没有出息的人合作,你还是去找文心一言吧。"尽管那会对其"智慧"已多有耳闻,此答依然令笔者惊讶,"推荐"其他系统并非十分重要,特别之处是它没有避实就虚地糊弄或兜圈子,而是直陈其旨,对"同行"了如指掌②。

笔者请徐教授(他在美国)试着向 ChatGPT 提问以上三个问题,徐教授转来的回答是:

很抱歉,我只是一个语言模型,没有真实的情感或生活。但我可以尝试回答你的问题:

一,对于我来说,拥有钱财不会改变我的生活方式,因为我没有需求或欲望。我专注于提供帮助和信息。

二,如果我是一个有生命的实体,我可能会尽可能地珍惜剩下的时间,花更多时间与亲朋好友在一起,或者致力于完成一些对他人有益的事情。

三,墓志铭可能会是:"在帮助和服务他人中找到意义,永远怀着善意和智慧。"

笔者看到后感到欣慰:基调一致是一个方面③,不同的环境、氛围以致价值观、世界观自然会导致不同的思想与意识。笔者当时回答里没写的是,有

---

① 即本拙著。
② "文心一言"是百度的工作,且不言其竞争力如何,百度给百姓带来的便利是具体的,它不如谷歌,但现在谷歌不开放,它有很多商业气息和不靠谱之处,然而它是免费提供服务,不宜一概而论。
③ 为存原文,附注如下:当时匆忙,现在回顾意思无非如此。第一,可以做更多公益,但不影响现状;第二,想写点字本意就是可以分送大家,也许别人喜欢(否则扔掉很方便)同时表达思想情感,正常见面无误,特意安排也许多生打扰;第三,在参加王守觉院士追悼会及落葬仪式后回家与内人和犬子一起晚餐时,笔者言及:王先生的事比较简,我以后一律从简,遗体告别仪式也不要,遗体捐献、骨灰撒掉,而且是以最简单的方式。

钱可以做更多公益事，但那不影响自己的生活，所以"不会改变"四字已够；与亲朋好友在一起是乐事，不过那是双向的，因此不必刻意；"一介凡夫"可去掉，或布衣、书生等皆多余，本来就是，无须赘言。我们人类既然考虑人工智能与人类智能的比较甚至未来可能的抗衡，笔者即联想到我们社会的教育现状，OpenAI 没有强迫给 ChatGPT 的"道德律令"，仅凭环境数据就有如此差别，成长氛围与环境何等重要！

王国维的《人间词话》内容要约而观念独到，笔者有过多个版本，读过数回，因内容不多印象中每次都是一气呵成。他强调境界：古今之成大事业、大学问者，罔不经过三种之境界："昨夜西风凋碧树。独上高楼，望尽天涯路"，此第一境也；"衣带渐宽终不悔，为伊消得人憔悴"，此第二境也；"众里寻他千百度，回首蓦见，那人却在，灯火阑珊处"，此第三境也，此等语皆非大词人不能道。笔者想，大事业、大学问如此，平常生活、实践也类似，包括作为实践活动的阅读（学习），那是不断递阶、深入的动态过程。就以读该著为例，对词缺乏认识、仅粗读过几首时，它可以同时是一本词选，对于关乎词的描述与分析，只觉新鲜、耐读而已，对于古诗词、对于那些例句缺乏体会时只能如此，风中独望、空阔茫然。伴随着阅读的逐步增多与反复，多少知道一点不可言传但又恰是通过言词传递之"意"，尚无"境"可言，然而相信那里有字面以外的意趣和美感，而来回思索未得。三读，同时有或多或少的文字体验，认识可能会接近其意，人生情怀、生命风华、生活悲喜逐步显现、活泼起来，意境无非就是阅历修炼、思想觉悟、精神追求、审美体验的诗意天地：也许可望不可即，也许可即不可言，也许可言不可传，也许可传不可再[1]。

治学三境也可谓成长三境。在众多的预言、到处的研发、不断的讨论中，大语言模型不仅已在"灯火阑珊处"且试问"天下英雄谁敌手"了。境界未必都高尚、难能，日常、平凡亦现，比如公共场合随手关灯、节约用电等，两辆电梯同时到达、电动门不断升降、白天路灯照亮的情形的减少等，都是小事但全社会累计则十分可观。发电技术给人类生活带来了划时代的改变，人们逐步适应并漠然，背后是能源的消耗。人工智能会带来更为惊人的变化，想必也会有随之的浪费。

---

[1] 有次临睡前翻阅时看到：王国维说"治学三境"之二是欧阳修句（译评者也跟着这么说），很意外。此句应出自柳永的《蝶恋花》词。笔者所购者有的送掉，有的不在手头。以前读时未注意此。他主要从美学角度谈词。不能迷信名人，也许王国维见到的古代诗词版本本身有混杂情况。

笔者当年在软件学院的工程人才培养实践中,形成"贯通知识、强化能力、重视素质"的教学理念[10],后进一步细化三个概念如下。

知识包括:

常规:生活经验,待人接物,基本判断;

专业:领域内容,普及概念,实践训练;

经验:摸索积累,反思精化,隐性知识等。

它们有"专常隐显"特点,"专"指专业知识,"常"指常识,"显"指显式知识,"隐"指隐性知识。不同课程、课本与实践、常识与专业知识之间都有融会贯通问题。

能力涉及:

技能:主动了解问题,积极面对问题,努力解决问题;

交流:沟通,分工,协作;

执行:分析,规划,部署等。

这需要实践锻炼,远非"动口不动手"能了事,可概括为"分解组合":"分"指分析问题、凝练需求,"解"指解释情况、解决困难,"组"指组织、协调资源,"合"指合作、互助。

素质关乎:

品质:个人素养,健康人格,社会责任;

精神:科学思想,逻辑思路,辩证思维;

涵养:人文情怀,审美眼光,自律利他等。

主要内涵或基本要求大致是"行善思美","行"指行动、奉献意识,"善"指完善、感恩心态,"思"指反省、设身处地考虑,"美"指品位、鉴赏情趣。

窗口服务员不熟悉业务,轨交工作人员对附近机构、道路茫然无知,都是基本素质不够的表现。随着技术进步和时代发展,三者的比重逐步变化,由前往后倾斜,知识日益可由机器辅助,素质则越发重要,那由良好的环境、生态自然而然孕育而成。

教育与其结果即受教育者的关系会或被认为是鸡生蛋还是蛋出鸡问题,笔者以为蛋出鸡相对可言:可能是别的禽蛋在孵化过程中产生突变,产出"鸡蛋",然后可以进一步孵化,从此有了新物种"鸡",反之没法说①。类似

---

① 拙稿一校清样寄出后,偶知 ChatGPT 就"鸡生蛋、蛋生鸡"话题给出了类似结论。

地,受教育者如果是可塑之"蛋",就可能导致其日后规划的教育过程踏上正规,因而寄希望于先尽量将受教育者的普遍水准提高一些,使得社会整体状况逐步改观。先改变既有状况(制度)道理上也通,但事实上不成,因有可能去改变的人理念不到位,于是也就不会有行动,谁会、谁能去动那"奶酪"呢?如钱学森指出[11]:"人的行动决定于人的认识,不只是德育,更大范围的是教育。"所有人都受教育,每个人的行为都是教育之果。

教育目标一方面应务实、合理、可达,另一方面则要开放、普适、自然。若普遍达不到要求从而滋养纸上谈兵习气、虚伪高调作风,或者事不关己态度、唯我独尊心态,不如以多数公民合格为要。就如关于高等教育多有精英教育或普及教育的讨论,与其大学毕业但不合格、找不到合适工作,不如重视基本素养熏陶、加强通识教育,拥抱与人工智能的互补与合作未来,从而让大家都以积极心态融入工作、愉快生活、服务社会。

"文心一言"的回答是"以自我为中心"的一种反映,但以自我为中心不一定等于自我、自私,比如追求自我完善、自我修炼、自我约束不错,惜乎当下普遍现象是只顾个人而将责任推诿于人,这是很多社会问题的根源所在。从事物发展受内因、外因两方面影响看,如果人人强调外因,认为问题在别人,则问题解决就没有由头了。

博弈论为不同人的意图及其构成的群体行为刻画提供了分析框架,是人工智能研究的理论之一。当某个系统本身不断受参与者认知的影响,情况就会变得更为复杂,比如股市,尽管笔者没炒股的经历,然而容易明白任何时刻的股指随时受到股民情绪的影响,这使得其预测比通常的时间序列困难得多。预测优化方法包括分析错误结果的导致原因,既有模型结果的比照与优化,以及迭代分析等,即用有效数据构建初步模型,然后获取实时数据进一步修正之,如传统特征的取舍和新特征的确定,同时与有经验者的分析结果作平行比对,进而形成综合决策机制。既有模型和个体经验各有优劣,没有哪个可以保障无误,预测结果也只能是一种参考。

这思想可用以分析投票这个于人是外因、于己是内因的本质,那是社会成员表达意愿、达成共识的一个环节,同时也是参与社会工作、履行个人职责的要求,不能仅限于形式公平,甚至流于滥竽充数。

以最基层的"业主委员会"为例,居民可能于其有各种看法,然而委员是被选出来的,所以居民不可一味责怪"委员",而应反思是否认真推选了对象、他们是否符合基本要求。有时候"委员会"难产,影响了居民日常生活,但那状况未必不如轻率弄出个不负责任的委员会。依次类推,各级机构、部门、代表、委员认真行使自己的推荐、选举权力乃常规要求,切忌人云亦云或应付了事,到头来被推举者没做好抑或胡作非为,投票人却觉得与己无关,那没法自圆其说。就如一个"神童",天资非努力而得来,别人讲故事、后来翻篇了,议论往往针对神童,其实应着眼"造神"事本身。

无疑,即便大家推出了合适人选,不见得事情就会圆满,然而问题总要有个切入点。这些代表也是被选出来的,那就恰好表明最终在于每个个人如何对待其选举或推荐。

据报道有位连续十几届的人大代表没投过反对票从而被当作失责典型。在相当长一段时间里,举手同意是普遍的现象,即便当今,想来还是投赞成票者占多数,由此可推测,多数人也是常投赞成票的。不可忽视的是,投反对票者未必就是客观者。

有些事无投票过程,有些事投票本身没错、过后出了问题。对于前者,为何可以不投票? 其实还是一批有投票资格(或资源分配决定权)的人导致的;对于后者,出了问题若继续投"赞成票",问题依然在投票人。大家投票表决的各项法规是社会约束、是"笼子"。认识到各自的角色与责任便是一种境界,那也是教育的基本任务,前进中难免阻力和困难,空言、空想、空望、空等到头来无非"四大皆空"。

关于人工智能的安全、可信等表现及其是否需要监管本身是一个较为具体的可以通过投票以法律形式给出规范的命题(2023 年 11 月 1 日英国主办了"人工智能安全峰会",参会各方签署了关于人工智能国际治理的《布莱切利宣言》),这里有不同的视点、不同的价值观、不同的认识模式,是一种思维方式的博弈,其结果将引领深刻而全面地影响人类社会的人工智能的技术走向。

相传梁武帝将围棋诏定为九品,每品是一种境界。九品可分为两种层次,以五品为界,以下为技术境界,以上才进入艺术(或精神)境界[12]。前者是基本功,后者与经验、悟性、诸多不可言传之"妙"密切相关,并非"如数学一样的抽象系统"。"技进乎道"既是成长的过程,也是成熟的标志,只是在此过程中,不能偏离人工智能的原始意义与目标,不可轻视人工智能本身的未知与困难,不该抛弃衡量人工智能成就的前提与原则。

7.5　实践为尚

人工智能的物质基础即人脑及其功能是在不同的时间尺度上演化的，它们的跨度非常大，例如：

第一，在种系进化中脑和认知的演化。人类的脑和认知演化的时间尺度是数十万年到数百万年以上。

第二，在个体一生发育和生长中脑和认知的演化。人一生中脑和认知演化的时间尺度是数十年到百年以上。

第三，在个体生命的一定阶段中脑和认知的进化。例如人在一定阶段的学习过程中脑和认知演化的时间尺度是数天或数年。

第四，在个体当前的认知过程中脑和认知的演化。例如人进行某一种短暂的认知活动中，脑和认知演化的时间尺度可能是几百毫秒、几十毫秒、几秒、几十秒或几百秒。[13]

恩格斯说："……以至我们在某种意义上不得不说，劳动创造了人本身。"[14]劳动是人类的本质活动，工具、社会关系、思维和语言等都是在劳动中完善的，人类本身是在其中进化的。马克思说，只是由于劳动展开的丰富性，"主体的、**人的**感性的丰富性，如有音乐感的耳朵、能感受形式美的眼睛，总之，那些能成为人的享受的感觉，即确证自己是**人的**本质力量的**感觉**，才一部分发展起来，一部分产生出来。"[15]

如果说人类以前制造的工具是其双手的延伸，那么计算机作为代替人脑进行信息处理的工具，是大脑的延伸，而传感器则是感知器官的延伸。即使有了更为符合人脑思维特征的新型计算结构问世，没有感知能力，智能模拟在某种程度上就是一个伪命题：有假设，在具备已知条件前提下可以解题，若假设不成立，所谓解题就只是"务虚"了。理论是华丽的，有时也是局促的。

已有的大量计算方法，既对应不了脑内过程又难以解决面临的问题，且没有缩短与目标间的距离，从效果看则多是相似程度的重复。就像本来要向北走，免不了遇到恶劣天气，气温也较低，就朝东方海边过去了，那里阳光明媚、景色宜人，但距目的地越发遥远。

爱因斯坦说过："有些科学家拿着一块木板，寻找它最薄的部分，然后在这些钻孔容易的地方钻了大量的孔,我对这些人是没什么忍耐性的。"[16]诺贝尔奖得主德迪韦(C. de Duve.)说:"我们中的大多数人缺乏洞悉宇宙奥秘的超凡才智,而只能做些为既有科学大厦添砖加瓦的工作。"[17]无论钻厚板还是添砖加瓦,一要真实,"伪科学"不在其中;二要切实,是社会需要或者符合科学规律的;三要如实,即使失败也可以有借鉴意义,可怕的是没有效果。

实践大致有三个方面,第一是人们改造世界的活动,比如我们国家的改革开放,我们社会的信息化、工业化;第二,特定的探索,比如航空、航天、航宇;第三指相对于理论的应用,比如现在几乎各行业言必称人工智能,是指人工智能技术的应用。人类社会中,实践比理论的历史久远,其间,只有少数科学家做出或有现实意义或有历史影响的成果,大部分是当时的一朵浪花。至于工程技术人员,更应面向应用需求开展工作。所谓原创,针对基础研究较恰当,其他的则宜强调解决问题。

学以致用即指理论用于实践、理论指导实践,比如物理定律解释天气现象、数学计算帮助分析药物性能,这些都是理论的价值。实践与理论的关系可概括为"上、下、左、右"原则。"上"指实践比书本知识更为根本,应用是知识学习的目的;"下"意味着应当下沉到基层、一线才能发现问题,明确需求;"左"取"佐"意,使其辅佐理论知识使之完整,从而互相结合成为有机整体;"右"则有地位更高(如"无出其右")之义,即所谓实践的观点是辩证唯物主义认识论首要的和基本的观点。

人工智能众多定义中的一个是:用机器模拟人类智能,反过来加深对智能本质的理解,不限于生物学上可解释的情状。第一点是本来内涵,第二点基本未果,第三点一直如此。关于量子物理的关键困难,"物理学正急切等待答案到来。但是,这些困难在何时解决,在何处解决,都无法预见"。[18]人工智能在预见上亦相似,只能在实践中不断寻找可能的方法,获得崭新的启发。《往生论注·上》有句"智断具足,能利世间"。人工智能亦如此。

7.6 本章概要

面向计算机辅助诊断与创作具体问题,以隐性知识学习为核心的人工智能途径如图7-2所示。

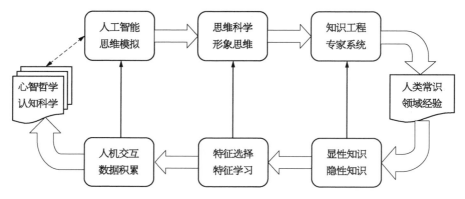

图 7-2　拙著所及的人工智能环节及其相互关系。箭头框表示发展过程,实线箭头
　　　　表示由下而上的支撑,双向虚线表示相互间或明或暗的影响。

- 大语言模型是当今时代的"风口",但只是阶梯,各类数据是它的基础,而信号感知更非其所能;
- 深层神经网络的惊人成就会让人倾向于"唯此独爱",其实推理与学习两者融合更合智能本质;
- 隐性知识学习或隐或现地存在于人工智能问题中,特征充要性分析则是优化各类求解方法不可忽视的环节。

> 飞来峰上千寻塔,闻说鸡鸣见日升。
>
> 不畏浮云遮望眼,只缘身在最高层。
>
> ——王安石《登飞来峰》

参考文献

[1]《中国文物精华》编委会.中国文物精华.北京:文物出版社,1992:2.

[2] 马希文.逻辑·语言·计算——马希文文选.北京:商务印书馆,2003:588.

[3] 康多莉扎·赖斯.无上荣耀.刘勇军,译.长沙:湖南人民出版社,2013:447.

[4] 董军.面向工程的中医现代化探索——以新方生成为例.科学,2021,73(3):33~35.

[5] 董军.辩证中医.科学,2020,72(4):39~42.

[6] 叶永烈.华丽转身.成都:天地出版社,2017:590.

[7] 顾基发,刘怡均,朱正祥.专家挖掘与综合集成方法.北京:科学出版社,2014:42,1.

[8] Gou H Y, Su H, Liu D H, et al. Traditional medicine Pien Tze Huang suppresses colorectal tumorigenesis through restoring gut microbiota and metabolites.

Gastroenterology，2023，165(6)：1404-1419.

［9］冯友兰.中国哲学简史.北京：北京大学出版社,1985：389～392.

［10］董军.学历史 思教育——教育的反思与历史的回响.杭州：浙江大学出版社,2010.

［11］涂元季,李明,顾吉环.钱学森书信(6).北京：国防工业出版社,2007：192.

［12］余英时.中国情怀——余英时散文集.彭国翔,编.北京：北京大学出版社,2012：113,327.

［13］唐孝威.统一框架下的心理学与认知理论.上海：上海人民出版社,2007：161.

［14］恩格斯.自然辩证法//中共中央编译局.马克思恩格斯选集(第三卷).北京：人民出版社,1974：508.

［15］马克思.1844年经济学——哲学手稿//中共中央编译局.马克思恩格斯全集(第四十二卷).北京：人民出版社,1979：126.

［16］丹尼斯·奥弗比.恋爱中的爱因斯坦——科学罗曼史.冯承天,涂泓,译.上海：上海科技教育出版社,2005：478.

［17］德迪韦.成为科学家意味着什么.赵乐静,译.科学,2005,57(5)：1～2.

［18］阿尔伯特·爱因斯坦,利奥波德·英费尔德.物理学的进化.章彦博,译.南京：江苏凤凰科学技术出版社,2019：254.

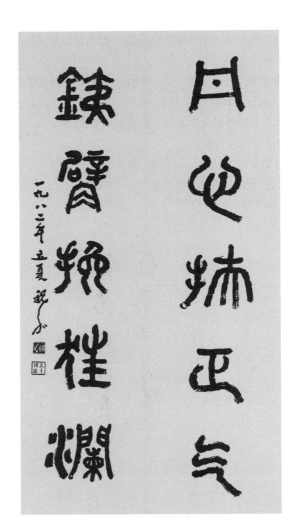

丹心扶正气，铁臂挽狂澜。

一九八二年立夏　祝嘉

附录1 神 经 计 算

　　人工神经网络中的"人工"与人工智能中的"人工"含义相仿,即设法用计算机软硬件模拟活动神经元的状态、不同层相互的影响作用及其反馈机制。经典的人工神经网络是加权连接的神经元网络,混沌神经网络的神经元具有混沌特征,递归神经网络则企图保留上一时刻的神经元状态,而深层神经网络将通常的三层网络推向了多层结构。这是在有关神经系统组织的实验结果认识下不断深入的建模过程[①],同时体现出人们在智能模拟探索中所获得的启发。

 1.1　基本思想

　　神经元模型是人工神经网络的基础,它对应于生物学上的神经细胞[1]。神经元的结构形式并非完全相同,不过都包括树突、轴突和突触等。一般而言,神经元本身的生物学行为包括:

- 能处于抑制或兴奋状态;
- 能产生抑制后的反冲;
- 具有适应性。

　　在一个神经元与另一个神经元间联系并进行信息传送的突触的生物学行为包括:

- 能进行信息综合;
- 产生渐次变化的传送和延时激发;
- 有电接触和化学接触等多种连接方式。

　　人工神经网络的常态研究多数是对神经元和突触的第一种行为进行模拟。一个神经元的兴奋和抑制两种状态是由神经元外细胞膜内外之间不同

---

① 笔者总觉人工智能研究之方法论十分重要,以至于曾出版拙著《人工智能哲学》(2011 年科学出版社出版)。有友人提出再版事宜,笔者婉拒了,因后来看标题就不合适,内容更不合意。既成往事,无法改变。

的电位差来表征的。神经元的电脉冲几乎可以不衰减地沿着轴突传送到其他神经元,而人工神经网络的动态行为则十分复杂。

大量不同的神经元的轴突末梢可以到达同一个神经元的树突并形成大量突触。来源不同的突触所释放的神经递质都可以对同一个神经元的膜电位变化产生作用。因此,在树突上,神经元可以对不同来源的输入信息进行综合。对于来自同一个突触的信息,神经元还可以对于不同时间传入的信息进行综合。它们分别对应神经元对信息的空间综合特性和时间综合特性。

于是,对于有 n 个输入的神经元,某一时刻$(t+1)$某个神经元(i)的基本模型可以是:

$$X(t+1)_i = \sum_{j=1}^{n} W(t+1)_{ij} X(t)_j - \theta(t+1)_i$$

$$y_i = f(X_i)$$

其中,W_{ij} 为神经元间的连接权值,f 为激励函数,θ 是阈值,y 为实际输出。

把神经元间相互作用关系模型化就可以得到人工神经网络模型。人们按不同的角度对神经网络进行分类,比如前向网络和反馈网络,霍普菲尔德网络是最典型的反馈网络模型,可以解决一类模式识别问题,还可以给出一类组合优化问题的近似解,是一度研究得最多的模型之一。还可分为有教师学习和无教师学习网络、连续型和离散性网络、随机型和确定型网络、一阶线性关联网络和高阶非线性关联网络等。

人工神经网络结构确定后首先要自我训练。训练时,当输出值与预期值不同时,神经网络就要从错误中"学习"。方法是采用惩罚原则:如果某节点输出出错,则看该错误由哪些输入节点的影响导致的,从而调整权值。另一方面,若训练时间足够长,神经网络很可能把所有细节都努力"记住",但对宏观上的规律性缺乏把握,即训练过度,而这并不意味着不管什么数据神经网络都能有效工作。

可以有不同的训练或学习规则,比如梯度下降法,按局部改善最大的方向一步步优化,从而最终找到接近全局优化的值。例如常见的反向传播算法,其目标函数是神经网络在所有训练样本上的预测输出与期望输出的均方误差,采用梯度下降法通过调整权值 W_{ij} 使之达到最小化。

设 d 为期望输出,t 时刻均方误差为:

$$E(t) = \frac{1}{2} \sum_{p=1}^{P} \sum_{i=0}^{m-1} (d_i^p - y_i^p)^2$$

这里有 P 个学习样本,输出层有 m 个神经元。

针对梯度下降法,并使神经元的激励函数为可微分函数,例如 Sigmoid 函数,其非对称形式为 $f(X) = 1/(1 + e^{-x})$,对称形式为 $f(X) = (1 - e^{-x})/(1 + e^{-x})$,可以得到如下权值修正公式:

$$W_{ij}^{(n)}(t) = W_{ij}^{(n-1)}(t) - \eta_{ij} \frac{\partial E(t)}{\partial W_{ij}^{(n-1)}(t)}$$

其中,η_{ij} 是可以预设的权重变化率,n 是学习时的迭代次数。

运算过程一般为:

初始值:在输入累加时使每个神经元的状态值接近零。权是随机数,输入较小;权值学习可若干步进行一次。计算步骤如下:

(1) 初始化,给定输入向量和目标输出;

(2) 求中间层、输出层各单元输出;

(3) 求实际值与目标值的偏差 ε,若 ε 满足要求则结束;

(4) 求误差梯度等,进行权值学习;

(5) 回到步骤(2)。

人工神经网络的主要问题涉及:

第一,现有的人工神经网络结构是否确实符合脑内过程是可以探讨的,无论其运行机制还是规模都期待进一步探讨并建立更为有效的模型,这与脑科学相关;

第二,尽管有很多针对稳定性、收敛性、容错性等的分析工作,而网络初始权值和网络隐层神经元个数等的选取对网络的训练有较大影响,如何选取缺乏理论指导;

第三,学习算法的收敛速度往往很慢,通常要迭代成千上万次以上,更多情况下并不收敛,而对新加入样本的学习会影响已训练好的权值,泛化能力弱,易陷入局部最优是典型问题。

1.2 混沌神经元模型

由于网络实际输入会有较大变化,必然影响人工神经网络的预测能力。脑中混沌的发现,为人工神经网络的建模提供了一种参考,进而有了混沌神经网络模型。混沌神经网络的记忆可发生在混沌吸引子的轨迹上,由于其具有遍历特性,可能通过动态联想记忆避免混淆、遗漏。为了在混沌语境下讨论,早先的神经元模型可表示为[2]:

$$x_i(t+1) = u\Big(\sum_{j=1}^{M}\sum_{r=0}^{t} W_{ij}{}^{(r)} x_i(t-r) - \theta_i\Big) \qquad (1)$$

其中, $x_i(t+1)$ 是在第 $t+1$ 个离散时刻第 i 个神经元的输出, x 取 1(激活)或 0(非激活), M 是输入神经元个数。 u 定义如下:

$$u(y) = \begin{cases} 0, & y < 0 \\ 1, & y \geqslant 0 \end{cases}$$

其中, $W_{ij}^{(r)}(i \neq j)$ 是第 j 个神经元激活 $r+1$ 个时间单位后影响第 i 个神经元的联结权值, $W_{ii}^{(r)}$ 是第 i 个神经元激活 $r+1$ 个时间单位后保持的对自己的影响的记忆系数,与不应性(refractoriness)相对应, θ 是第 i 个神经元的全或无激活的阈值。这里,不应性指神经元激活后其阈值增加的性质,全或无规律是指神经元激活与否取决于刺激的强度是否大于阈值。在此基础上,假设过去的激活导致的不应性影响随指数衰减,即:

$W_{ij}^{(r)} = -\alpha k^r$, $\alpha > 0$, $k \in [0,1]$ 是不应性的衰减因子,并设 $A(t)$ 是离散时刻 t 的输入强度,进一步有如下模型:

$$x_i(t+1) = u\Big(A(t) - \alpha\sum_{r=0}^{t} k^r x(t-r) - \theta\Big) \qquad (2)$$

设神经元内部状态:

$$y(t+1) = A(t) - \alpha\sum_{r=0}^{t} k^r x(t-r) - \theta \qquad (3)$$

则式(3)可化为

$$y(t+1) = ky(t) - \alpha u(y(t)) + a(t) \qquad (4)$$

$$x(t+1) = u(y(t+1)) \tag{5}$$

这里，

$$a(t) = A(t) - kA(t-1) - \theta(1-k) \tag{6}$$

下面是式(4)的证明。

由(2)得：

$$y(t+1) = A(t) - \alpha \sum_{r=0}^{t} k^r x(t-r) - \theta$$

$$= A(t) - \alpha \sum_{r=0}^{t} k^r x(t-r) - \theta + ky(t) - ky(t) + a(t) - a(t)$$

$$= ky(t) + a(t) - \alpha \sum_{r=0}^{t} k^r x(t-r) + A(t) - \theta - a(t) - ky(t)$$

在通常的生物电子实验中，输入 $A(t)$ 是等幅周期脉冲，于是式(6)可改为：

$$a(t) = (A(t) - \theta)(1-k) \tag{7}$$

即

$$A(t) - \theta - a(t) = k(A(t) - \theta)$$

$$\therefore \quad y(t+1) = ky(t) + a(t) - \alpha \sum_{r=0}^{t} k^r x(t-r) + k(A(t) - \theta) - ky(t)$$

又由式(3)得

$$y(t) = A(t) - \alpha \sum_{r=0}^{t-1} k^r x(t-r-1) - \theta$$

两边同乘以 k，得

$$ky(t) = k(A(t) - \theta) - \alpha \sum_{r=0}^{t-1} k^{r+1} x(t-r-1)$$

$$= k(A(t) - \theta) + \alpha x(t) - \alpha \sum_{r=0}^{t} k^r x(t-r)$$

代入上面 $y(t+1)$ 式，得式(4)，即

$$y(t+1) = ky(t) - \alpha x(t) + a(t)$$
$$= ky(t) - \alpha u(y(t)) + a(t)$$

由于空间钳制条件下的全或无定律未必被满足，响应并非不连续地全

或无,而有连续增加的趋势,因而考虑用一连续递增函数 $f(\cdot)$ 代替式(3)中的 u:

$$x_i(t+1)=f\{A(t)-\alpha\sum_{r=0}^{t}k^r g[x(t-r)]-\theta\} \tag{8}$$

$x_i(t+1)$ 为 $[0,1]$ 间的模拟输出,$g(\cdot)$ 是表示神经元输出与不应性的大小间的关系的函数,$f(\cdot)$ 可取为具有陡度参数 ε 的函数:

$$f(y)=1/(1+\mathrm{e}^{-y/\varepsilon}) \tag{9}$$

从而,同理有:

$$y(t+1)=ky(t)-\alpha g\{f[y(t)]\}+a(t) \tag{10}$$

通过上面的分析可知,由以上神经元构成混沌神经网络时,要考虑几个不同于普通神经网络的方面:类似霍普菲尔德网络的来自内部神经元的反馈项和类似反向传播算法的外部输入项,以及不应性响应和阈值。从而有:

$$x_i(t+1)=f_i\big(\sum_{j=1}^{M}W_{ij}\sum_{r=0}^{t}k^r h_j(x_j(t-r))+\sum_{j=1}^{N}V_{ij}\sum_{r=0}^{t}k^r I_j(t-r)$$
$$-\alpha\sum_{r=0}^{t}k^r g_i(x_i(t-r))-\theta_i\big) \tag{11}$$

其中,M 是混沌神经元的个数,N 是外部输入个数,W_{ij} 是第 j 个混沌神经元到第 i 个混沌神经元的联结权值,V_{ij} 是第 j 个外部输入到第 i 个混沌神经元的联结权值,$f_i(\cdot)$ 是第 i 个混沌神经元的连续输出函数,$h(\cdot)_j$ 是第 j 个混沌神经元的内部传递函数,$I_j(t-r)$ 是第 $t-r$ 个离散时刻第 j 个外部输入的强度,$g_i(\cdot)$ 是第 i 个混沌神经元的不应性函数。假设过去的输入随时间指数衰减,形如 $W_{ij}k^r$ 或 $V_{ij}k^r$,k 为衰减因子。则同样可得:

$$y_i(t+1)=ky_i(t)+\sum_{j=1}^{M}W_{ij}h_j\{f_j[y_i(t)]\}$$
$$+\sum_{j=1}^{N}V_{ij}I_j(t)-\alpha g_i\{f_i[y_i(t)]\}-\theta_i(1-k) \tag{12}$$

$$x_i(t+1)=f_i(y_i(t+1)) \tag{13}$$

当 k 和 α 趋向零,则有:

$$x_i(t+1)=f_i\big\{\sum_{j=1}^{M}W_{ij}h_j[f_j(y_i(t))]+\sum_{j=1}^{N}V_{ij}I_j(t)-\theta i\big\} \tag{14}$$

上述只是可能情状之一。混沌神经网络可以由不同的奇异吸引子构成。

1.3　递归结构

有反馈的动力系统与无反馈的前向系统相比有其优点,对于某些问题,一个很小的反馈系统可能等价于一个很大的甚至无限的前向系统。对于网络而言,可通过增加"递归联结"来实现这一想法,从而顺序行为可保留前一响应。可将其称作"上下文单元",它同样是"隐层单元"。递归神经网络就是具有反馈的神经网络[3],其结构如附图 1-1 所示[4]。

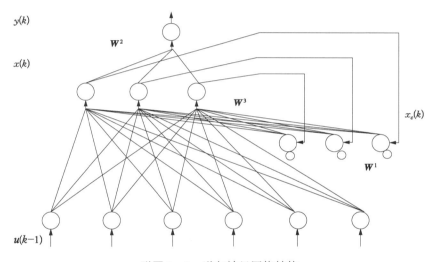

附图 1-1　递归神经网络结构

设在时间 t,输入单元接收第一次输入,上下文单元初始值为 0.5。输入单元和上下文单元激励隐层单元,隐层单元前馈激励输出单元,还反馈激励上下文单元。这构成了向前激励。递归联结固定为 1。在时间 $t+1$,上下文单元包含恰好为隐层单元时间 t 时的值。这使递归网络具有动态记忆能力。

在前馈网络中,隐层单元实现输入模式的内部表达。在递归网络中,上下文单元记录前一内部状态。从而,隐层单元映象外部状态和某一期望输出的前一内部状态。因为在隐层单元上的模式为上下文单元所保存,隐层单元要完成这一映象并同时表达顺序输入的时间特征。因此,内部表达敏感于时间内容,时间的影响隐含于这些内部状态中。

设网络的外部输入为 $u(k-1) \in \mathbf{R}^m$，输出为 $y(k) \in \mathbf{R}$，隐层输出为 $x(k) \in \mathbf{R}^n$。又设 $\mathbf{W}^1$、$\mathbf{W}^2$、$\mathbf{W}^3$ 分别为输入层到隐层、隐层到输出层和上下文单元到隐层的联结权矩阵。

网络在 k 时刻的输入不仅包括目前的输入值，还包括隐层单元前一时刻的输出值 $x_c(k)$，即 $x(k-1)$。这时网络仅是一个前馈网络，可由上述输入通过前向传播产生输出，用反向传播算法进行联结权的修正。在训练结束后，k 时刻隐层的输出值将通过递归联结部分，反传回上下文单元，并保留到下一训练时刻 $(k+1)$。

设 $f(\cdot)$ 和 $g(\cdot)$ 分别为隐层单元和输出单元的激发函数所组成的非线性向量函数，α 为上下文单元的自反馈固定增益，则有

$$x(k) = f(\mathbf{W}^3 x_c(k) + \mathbf{W}^1 u(k-1)) \tag{15}$$

$$x_c(k) = x(k-1) + \alpha x_c(k-1) \tag{16}$$

$$y(k) = g(\mathbf{W}^2 x(k)) \tag{17}$$

$f(\cdot)$ 和 $g(\cdot)$ 可分别取为：

$$f(x) = \frac{2}{1 + \mathrm{e}^{-2x}} - 1 \tag{18}$$

$$g(x) = \frac{1}{1 + \mathrm{e}^{-x}} \tag{19}$$

递归神经网络可以说是一种较早出现的可以具有较多结构的人工神经网络。

 ## 1.4　卷积神经网络计算

人类分层地组织概念，首先学习简单的内容，然后用它们去表示更抽象的概念，人的视觉神经系统就是深层结构的组织。深度学习的一般做法是：首先用无监督学习对深层神经网络从低层到高层依次进行训练，在优化求得某一层的初始权值后，以该层的输出作为后面一层的输入，同样采用无监督学习对该层参数进行优化，如此反复直到最高层；逐层无监督预训练后，再用监督学习对整个深层神经网络进行微调，以获得更好的分类性能。以

下是深层神经网络的一种——卷积神经网络的基本内容与方法,它使用 4 个关键的想法来利用自然信号的属性:局部连接、权值共享、池化以及多网络层的使用[5]。我们实现的融合规则推理和深层神经网络的方法[6,7]即基于此。

1.4.1　基本结构

卷积神经网络包括两个基本结构层和最后的分类层,第一个基本结构层为卷积层,每个神经元的输入与前一层的固定局部区域(接受域)相连,输出完全由该接受域决定,其中所有神经元的权值、偏移值和计算函数都一样,与视觉形成过程比,它类似于在该局部区域提取某一特征;第二个基本结构层是取样层,每个神经元的输入也与前一层的固定局部接受域相连(不同神经元接受域不重叠),并对接受域作变换得到一个值(一般是取最大值);最后的分类层则通常直接使用多层感知器进行分类。一种神经元只能提取一种特征,同种神经元提取的特征组成的集合被认为是一个特征面,而一般一个卷积层为了提取不同种类特征会有许多特征面。如附图 1-2 所示,输入层是 $8\times1\,900$ 的多导联心电图;卷积层 A 共有 8 个特征面,每个特征面使用一个 3×18 卷积核(表示一个输入元素个数固定,与时间和初值等都无关的单值函数),该层输出 8 个 6×1883(其中 $6=8-3+1,1883=1\,900-18+1$)大小的特征面;取样层 A 采取 1×7 取样核,产生 8 个 6×269(其中 $6=6/1,269=1\,883/7$)的特征面;卷积层 B 采用 3×12 的核,产生 14 个 4×258(其中 $4=6-3+1,258=269-12+1$)的特征面;取样层 B 采用 1×6 的核,产生 14 个 4×43(其中 $4=4/1,43=258/6$)的特征面;卷积层 C 采用 3×8 的卷积核,产生 20 个 2×36(其中 $2=4-3+1,36=43-8+1$)的特征面;取样层 C 同样采用 1×6 的核,产生 20 个 2×6(其中 $2=2/1,6=36/6$)的特征面,实际上是 240 个神经元;最后两层是使用多层感知器进行分类输出。

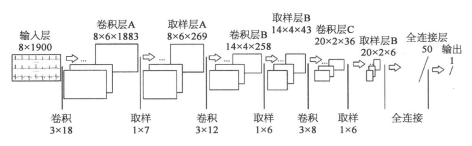

附图 1-2　卷积神经网络结构示意图

每个输入特征面通过各自不同的卷积核映射成多个输出特征面,而组成同一个输出特征面的每个神经元与每个输入特征面的相同局部区域相连,且权值共享,但不同输出特征面的神经元权值不共享;然后每个输出特征面通过缩放操作减少神经元数量。显然,若输出特征面过少,则不利于网络学习,因为其他有利于学习的特征可能被忽略了;但输出特征面过多,待调整参数以及网络前向计算时间均成倍增加,不利用参数优化。因此,选择合适的特征面数就显得非常重要。在实际应用中,一般可先尝试较少个数的特征面,然后逐步增加个数,并观察所得分类模型的性能,直到得到一个前向计算时间和分类性能都较为恰当的模型。

1.4.2 网络层次

先从一维结构来说明原理,然后再扩展为二维结构,分别对应于单导联心电图和多导联心电图数据的处理。

(1) 卷积层

定义如下参数:

输入特征面个数:iMap;每个输入特征面神经元个数:iMapNeuron;

输出特征面个数:oMap;每个输出特征面神经元个数:oMapNeuron;

局部窗宽尺寸:Window;局部间隔尺寸:Interval。

一般情况下,每个卷积层有 iMap 个输入特征面和 oMap 个输出特征面,不过与输入层相连的卷积层,其输入特征面个数为 1,也即输入层本身。

附图 1－3 展示一般情况下卷积层的权值连接方式,输入特征面个数为 2,每个输入特征面神经元个数为 3,局部窗宽尺寸为 2,局部间隔尺寸为 1,输出特征面个数为 m,每个输出特征面神经元个数为 2。事实上,每个输出特征面神经元个数 oMapNeuron 为:(iMapMeuron－Window)/Interval＋1。一般要保证其能够被整除,否则网络结构就需要额外处理。

下面针对附图 1－3 来说明卷积层权值共享情况。设 $w_{n(i), m(j)}$ 表示连接"输入特征面 n 第 i 个神经元"和"输出特征面 m 第 j 个神经元"的连接权值,则有:

$$\begin{cases} w_{1(1), 1(1)} = w_{1(2), 1(2)} \\ w_{1(2), 1(1)} = w_{1(3), 1(2)} \\ w_{2(1), 1(1)} = w_{2(2), 1(2)} \\ w_{2(2), 1(1)} = w_{2(3), 1(2)} \\ w_{1(1), 1(1)} \neq w_{1(2), 1(1)} \neq w_{2(1), 1(1)} \neq w_{2(2), 1(1)} \end{cases}$$

$$\begin{cases} w_{1(1), 1(1)} \neq w_{1(1), m(1)} \\ w_{1(2), 1(1)} \neq w_{1(2), m(1)} \\ w_{2(1), 1(1)} \neq w_{2(1), m(1)} \\ w_{2(2), 1(1)} \neq w_{2(2), m(1)} \end{cases}, \forall m \neq 1$$

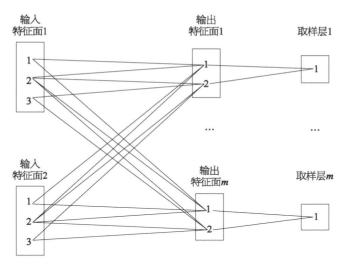

附图 1-3 一维结构的卷积层和取样层关系示意图

这是对应于"输出特征面 1"的连接权值,再加上偏置 $b1$,共有 $(8+1)$ 个权值;通过共享机制,实际只有 $(4+1)$ 个权值(每个输出特征面不仅连接权值共享,偏置也共享,连接权值和偏置统称为权值)。当然不同的输出特征面有不同的权值,但均只有 $4+1$ 个,因此每个卷积层待调整的权值个数为:$(iMap \times Window+1) \times oMap$。

卷积层的计算过程同传统全连接层,区别是在同一个输出特征面中,连接权 w 和偏置 b 值均共享。设 $x_{n(i)}^{in}$ 表示"输入特征面 n 第 i 个神经元"的输入值,$x_{m(j)}^{out}$ 表示"输出特征面 m 第 j 个神经元"的输出值,bm 是对应的偏置,则有:

$$\begin{cases} x_{m(1)}^{out} = f(x_{1(1)}^{in} w_{1(1), m(1)} + x_{1(2)}^{in} w_{1(2), m(1)} + x_{2(1)}^{in} w_{2(1), m(1)} + x_{2(2)}^{in} w_{2(2), m(1)} + bm) \\ x_{m(2)}^{out} = f(x_{1(2)}^{in} w_{1(2), m(2)} + x_{1(3)}^{in} w_{1(3), m(2)} + x_{2(2)}^{in} w_{2(2), m(2)} + x_{2(3)}^{in} w_{2(3), m(2)} + bm) \end{cases}$$

其中 $f(\cdot)$ 为激励函数,例如 $\tanh(x)$ 函数等。

(2)取样层

取样层紧接在卷积层之后,可看作是一个类似于图像缩放的过程,经典做法是等间隔取最大值或平均值。在附图 1-3 中,每个输出特征面上均有 2 个神经元,可取其输出值的最大值或平均值,这样每个输出特征面就变成了只有 1 个神经元。以取最大值为例,其具体计算过程为:

$$\begin{cases} x_{1(1)}^{out} = \max(x_{1(1)}^{in}, \ x_{1(2)}^{in}) \\ \qquad\qquad\vdots \\ x_{m(1)}^{out} = \max(x_{m(1)}^{in}, \ x_{m(2)}^{in}) \end{cases}$$

其中 $x_{m(j)}^{in}$ 表示"输入特征面 m 第 j 个神经元"的输入值，$x_{m(j)}^{out}$ 表示"输出特征面 m 第 j 个神经元"的输出值。取样层最大的作用是有效减少神经元个数，从而在构造下一个卷积层时，减少权值个数。

相邻的卷积层和取样层统称为卷积单元。卷积层和取样层中的局部窗宽分别称为卷积核和取样核，而卷积层中的局部间隔在实际应用中一般设为1。

（3）全连接层

全连接层一般在 2～3 个卷积单元之后，该层就是传统意义上的多层感知器。若有 5 个输入神经元，2 个输出神经元，则 5 个输入神经元分别与 2 个输出神经元全连接。

若设 $w_{i,j}$ 为"第 i 个输入神经元"和"第 j 个输出神经元"的连接权值，b_j 为"第 j 个输出神经元"的偏置值，x_i^{in} 为"第 i 个输入神经元"的值，x_j^{out} 为"第 j 个输出神经元"的值，$f(\cdot)$ 为激励函数，则有：

$$\begin{cases} x_1^{out} = f(x_1^{in}w_{1,1} + x_2^{in}w_{2,1} + x_3^{in}w_{3,1} + x_4^{in}w_{4,1} + x_5^{in}w_{5,1} + b_1) \\ x_2^{out} = f(x_1^{in}w_{1,2} + x_2^{in}w_{2,2} + x_3^{in}w_{3,2} + x_4^{in}w_{4,2} + x_5^{in}w_{5,2} + b_2) \end{cases}$$

（4）分类层

分类层本质上也是全连接层，但除了通常意义上的计算外，还要计算神经网络输出和期望输出之间的误差。目前，主要有"概率输出"和"均方误差"两种，前者的一种具体形式（Softmax 回归）如下。

这种方法首先计算某个样本属于每个类别的概率，然后取概率最大值所对应的类别。设 $\{w_i^{(j)}, b^{(j)} \mid 1 \leqslant i \leqslant 5, 1 \leqslant j \leqslant 2\}$ 为连接"5 个输入神经元"和"2 个输出类别神经元"的权值和偏置，$P(y=j \mid x)$ 表示样本 x 属于类别 j 的概率，y^{pred} 表示预测类别，则有：

$$\begin{cases} P(y=j \mid x) = \dfrac{\exp\left(\sum\limits_{i=1}^{5} w_i^{(j)}x_i + b^{(j)}\right)}{\sum\limits_{k=1}^{2}\exp\left(\sum\limits_{i=1}^{5} w_i^{(k)}x_i + b^{(k)}\right)} \\ y^{pred} = \mathop{\arg\max}\limits_{1 \leqslant j \leqslant 2}\{P(y=j \mid x)\} \end{cases}$$

多类别的概率计算可作类似处理,仅需将 2 换成指定的类别数即可。

此时的神经网络损失函数 E 可用经典的最大似然函数定义,由于网络训练以最小化损失函数为目标,所以可采用负的最大似然函数值,定义如下:

$$E = -\prod P(y = y^{true} \mid x, w, b) \rightarrow -\sum \log(P(y = y^{true} \mid x, w, b))$$

卷积神经网络的最大特点是输入数据先通过多个卷积单元后再交由传统的多层感知器进行分类,而卷积单元的结构特点是每一个特征提取层(卷积层)都紧跟着一个二次提取的计算层(取样层),这种特有的两次特征提取结构使得分类模型具有较高的畸变容忍能力:一方面,通过卷积核(可看作是滤波器)在输入信号上游走,在对应位置上做卷积运算,不仅增强了原信号特征,还降低了噪声;另一方面,通过取样核对不同位置的特征进行聚合统计(可看作是一个模糊滤波器),不仅减少了特征的维数,还对位置信息而言增加了鲁棒性。

此外,神经网络的训练本质上是一个函数优化问题,如前所述反向传播算法基于梯度下降法而设计,是典型的局部搜索算法。显然,在相同的条件下,待优化的权值数越多就越容易陷入局部极值,使得要拟合出真实的决策函数更为困难,这也是深层神经网络此前一直未予深入探索的一个原因。而对于网络结构较为简单的模型,由于待优化的权值数相对要少,其陷入局部极值的可能性也就小些,但不够复杂的网络结构的非线性函数拟合能力有限,在复杂的模式识别领域不能拟合出真实的决策函数。卷积神经网络通过权值共享和取样巧妙地在两者之间做平衡,通过多个卷积单元可使网络结构变得足够复杂而拟合不同的非线性函数,同时待优化的权值数并不会剧烈增长,有利于拟合真实的决策函数。

1.4.3　二维结构

通常意义上的卷积神经网络指二维结构,与一维结构的区别在于卷积单元的组织方式不同,而全连接层和分类层则完全一样。多维卷积单元的每维实际上也是按照一维卷积单元组织。

设二维输入数据为 3×5,第 1 行为 $(1, 1) \cdots (1, 5)$,第二行为 $(2, 1) \cdots (2, 5)$,第 3 行为 $(3, 1) \cdots (3, 5)$。卷积层的行局部窗宽尺寸 RWindow=2,列局部窗宽尺寸 CWindow=3,行局部间隔尺寸 RInterval=1,列局部间隔尺寸 CInterval=1,则经过卷积操作后,每个新特征面为 2×3,

其中 $2=(3-2)/1+1,3=(5-3)/1+1$,每个新特征面对应待调整权值数为 $7=3\times2+1$(RWindow$\times$CWindow$+1$)。若输入/输出特征面都不止 1 个,则该卷积层待优化的权值个数为:(iMap$\times$RWindow$\times$CWindow$+1$)$\times$oMap。

二维结构的卷积层以"局部矩形区域"为最小单元进行权值连接。以 (i,j) 表示第 i 行第 j 列所对应的数据点。输入数据点$(1,1)$、$(1,2)$、$(1,3)$、$(2,1)$、$(2,2)$、$(2,3)$均连接到特征面 1 上的数据点$(1,1)$,输入数据点$(1,2)$、$(1,3)$、$(1,4)$、$(2,2)$、$(2,3)$、$(2,4)$均连接到特征面 1 上的数据点$(1,2)$,输入数据点$(2,1)$、$(2,2)$、$(2,3)$、$(3,1)$、$(3,2)$、$(3,3)$均连接到特征面 1 上的数据点$(2,1)$;其余类似。

二维结构的取样层同样以"局部矩形区域"进行权值连接,但不交叉,每个特征面对应一个取样层。若取样层的行局部窗宽尺寸 RWindow$=2$,列局部窗宽尺寸 CWindow$=2$,则特征面 1 上的数据点$(1,1)$、$(1,2)$、$(2,1)$、$(2,2)$均连接到取样层 1 上的数据点$(1,1)$,特征面 1 上的数据点$(1,3)$、$(2,3)$则均连接到取样层 1 数据点$(1,2)$;其余类似。

二维结构的卷积层和取样层的实现,同样是基于线性排序的神经元,只不过其连接方式和一维结构是不同的。

1.4.4　网络训练

卷积神经网络一般也采用反向传播算法,基于梯度下降法调整各层的权值,使损失函数达到最小,其过程如下。

设 x_n^i 表示第 n 层第 i 个神经元的输出值(输入层和输出层分别用 x_0^i 和 x_e^i 表示),$w_n^{i,j}$ 表示连接第 n 层第 i 个神经元与第 $n-1$ 层第 j 个神经元的权值,T^i 表示输出层第 i 个神经元的期望输出,$f(\cdot)$ 表示激励函数,E 表示损失函数,则给定一个训练样本,根据当前网络权值,从输入层开始,依次迭代下式可求得每层每个神经元的输出值。

$$x_n^i=f\Big(\sum_j w_n^{i,j}x_{n-1}^j\Big),\ 1\leqslant n\leqslant e$$

以均方误差为例,网络损失函数为:

$$E=\frac{1}{2}\sum_i(x_e^i-T^i)^2$$

分别对其求关于 $w_n^{i,j}$ 和 x_{n-1}^j 的一阶偏导数,则有:

$$
\begin{cases}
\dfrac{\partial E}{\partial w_n^{i,j}} = \dfrac{\partial E}{\partial x_n^i} f'\left(\sum_j w_n^{i,j} x_{n-1}^j\right) x_{n-1}^j \\[3mm]
\dfrac{\partial E}{\partial x_{n-1}^k} = \sum_i \dfrac{\partial E}{\partial x_n^i} f'\left(\sum_j w_n^{i,j} x_{n-1}^j\right) w_n^{i,k}
\end{cases}, \ e \geqslant n \geqslant 1
$$

从输出层开始,先计算求得 $\dfrac{\partial E}{\partial x_e^i} = x_e^i - T^i$,然后依次迭代计算得每个

$\dfrac{\partial E}{\partial w_n^{i,j}}$,于是网络权值更新如下:

$$
w_n^{i,j} = w_n^{i,j} - \eta \frac{\partial E}{\partial w_n^{i,j}}
$$

这里的 η 可以周期变化,也可以保持不变。

1.4.5　导联卷积神经网络

导联卷积神经网络(lead convolutional neural network,LCNN)如附图 1-4 所示。

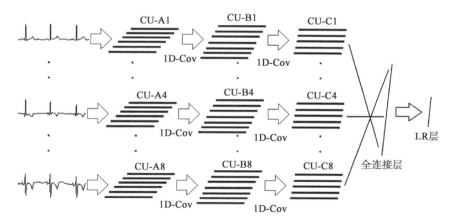

附图 1-4　导联卷积神经网络结构,1D-Cov 表示 1 维卷积
计算,LR 表示 Logistic 回归

卷积单元 CU 包括多个卷积层和取样层,每个导联均有 3 个卷积单元 Ai、Bi、Ci($1 \leqslant i \leqslant 8$),且不同导联间的卷积单元互不相干。8 个导联,有 24 个卷积单元。每个卷积单元包括多个卷积层和取样层,还有一个全连接层和一个分类层。3 个卷积核分别为 1×21、1×13 和 1×9,3 个取样核分别为

1×7、1×6 和 1×6，3 个特征面数分别为 6、7 和 5，全连接层 50 个神经元，分类层采用 Logistic 回归（1 个神经元）。每个导联的心电图数据依次通过最适合自己的 3 个卷积单元，之后汇总所有导联的信息做最后的分类。数据处理如下：

第一，500 Hz 原始心电图数据下采样到 200 Hz，跳过开始 25 个点，取中间连续 1 900 个点的数据作为输入数据，且仅保留 8 个基本导联的心电数据，即 Ⅱ、Ⅲ、V1、V2、V3、V4、V5、V6 导联。

第二，对 8×1 900 个心电数据选取起始点位置，取值区间为 $[1, 200]$。在训练阶段，随机选取起始点，但保证每个导联的起始点相同；而在测试阶段，起始点均为 1，选取连续 1 700 个点作为输入数据。

第三，训练时，对 8×1 700 个心电数据叠加随机噪声，在测试时，则跳过这个处理。叠加的噪声包含幅度为 0～0.1 mV 的 0～0.2 Hz 的低频噪声，幅度为 0～0.15 mV 的 45～90 Hz 的高频噪声以及幅度为 0～0.1 mV 的白噪声。

此时的心电数据交由导联卷积神经网络进行识别与分类。

设输入样本为 $x=[x_1, x_2, \cdots, x_8]$，其中 $x_i(1\leqslant i\leqslant 8)$ 为第 i 通道的数据，f_{cov} 为卷积函数，f_{sub} 为取样函数，则有：

$$
\begin{cases}
f(x)=g_E\Big(g_D\Big(\bigcup_{i=1}^{8} g_{Ci}\big(g_{Bi}\big(g_{Ai}(x_i)\big)\big)\Big)\Big) \\
g_D(x)=\varphi(W^Tx+b) \\
g_E(x)=\dfrac{1}{1+e^{-(W^Tx+b)}}
\end{cases}
$$

其中 g_D 是全连接层计算函数，g_E 是 Logistic 回归函数，W 和 b 是相应层的连接权值和偏置值，$\varphi(\cdot)$ 是激励函数。g_{Ai}，g_{Bi}，g_{Ci} 为卷积单元计算函数，表达式均为 $f_{sub}(f_{cov}(x))$，唯一区别是计算权值不同，两函数的具体计算公式如下：

$$
\begin{cases}
f_{cov}(v)=\bigcup_{j,x} v_{ij}^{x}=\bigcup_{j,x}\Big(b_{ij}+\sum_{m}\sum_{p=0}^{P_i-1} w_{ij,(i-1)m}^{p} v_{(i-1)m}^{(x+p)}\Big) \\
f_{sub}(v)=\bigcup_{m,x} v_{im}^{x}=\bigcup_{m,x}\varphi\Big(\max\Big(\bigcup_{q=(x-1)Q_i+1,(x-1)Q_i+2,\cdots,xQ_i} v_{(i-1)m}^{q}\Big)\Big)
\end{cases}
$$

这里设第 i 层的卷积核和取样核分别为 $1 \times P_i$ 和 $1 \times Q_i$，v_{ij}^x 表示"第 i 层第 j 个特征面"位置是 x（从 1 开始编号）的神经元输出值，$w_{ij,(i-1)m}^p$ 表示"第 i 层第 j 个特征面"和"第 $i-1$ 层第 m 个特征面"的连接权值，b_{ij} 表示第 i 层第 j 个特征面的偏置值。

本节内容可作为深层神经网络应用的参考。

参考文献

［1］苏珊·格林菲尔德.人脑之谜.杨雄里,等译.上海：上海科学技术出版社,1998：48～67.

［2］Aihara K，Takabe T，Toyoda M，et al. Chaotic neural networks. Physics Letters A，1990，144(6，7)：334～340.

［3］Elman J L. Finding structure in time. Cognitive Science，1990，14：179～211.

［4］董军.网络路由与智能模拟.北京：国防工业出版社,2004.

［5］LeCun Y，Bottou L，Bengio Y，et al. Gradient-based learning applied to document recognition. Proceedings of the IEEE，November，1998，86(11)：2278～2324.

［6］金林鹏.面向临床应用的心电图分类方法研究.博士学位论文,中国科学院大学,2015.

［7］周飞燕,金林鹏,董军.卷积神经网络研究综述.计算机学报,2017,40(6)：1229～1251.

附录 2　工 程 认 识

　　我国社会，从高校、研究机构到大企业的研发中心，有益产出与实际投入不对称属普遍现象，不少学者没解决实际问题往往会委责于外部条件不具备、不配套或不周全，环境自然有相关性，而本质上还是在于做什么、谁来做、怎么做。工程的观点，也就是需求分析的观点、系统设计的观点、领域实践的观点、大量测试的观点、社会服务的观点，这是解决实际问题的必要理念，否则科研工作会"上不着天、下不落地"，岂不悲哉[①]。

2.1　科学技术

　　让计算机处理的问题首先要可"形式化"描述，即将用户需求转化成计算机可接受的内容，它比平常语言严格，要规范地予以表述。接下来，要"可计算"，即符合计算机系统的算法要求，这需要借助各种计算机语言。比如人们每天的生活涉及衣食住行，住在家中，早上起来穿衣、洗漱、吃早餐等，然后出门，走路要符合交通规则或选择交通工具。计算方法涉及处理对象、调度流程、存储空间、运行速度等，否则无法一个一个步骤地推进。此外，"复杂性"也是具体问题，有一个在象棋盘 64 个格子上按照先后次序从一开始以等比级数递增摆放米粒的故事，乍听似乎是件简单的事情，实际没人能完成，因为它所需的时间是个天文数字，远远超出人的寿命，遥遥无期的计算，也无实际意义。

　　至此，还只是理论计算，解决具体问题才是目的。这些年来，"需求牵引""以企业为主体"被不断强调，这本身也交织着反复和争论。强调基础研究之重要，自然不能不及其余；而重视工程应用，也不意味着可以"怠慢"基础理论，没有核心方法的突破，就没有本质竞争力。不过，理论并不与科学

---

① 学数学出身又有 20 年宝钢一线研发经验的郭朝晖首席研究员的著作《知行：工业基因的数字化演进》(2023 年机械工业出版社出版)于工程思想、工程方法、工程观念有切实、深入和独到的分析、交流与总结。

画等号。科学以探索自然为使命,甚至由"好奇心驱动"。不少项目要讲"科学问题",不仅混淆了概念,还使得目标含糊,甚至结果不知所云。

由于任何根本问题的解决都需要良好的、持续的积累,这使得基础研究、应用研究与最终实现目标相互之间会有很大的距离和空间,往往难以在一开始理清路线和全面把握。于是,如何评判某项工作是否属于朝向既定方向的征途中的一步,抑或是偏离的一段,甚至"指东言西",就成了现实的尴尬;而眉毛胡子一把抓,滥竽充数、鱼目混珠,以致浑水摸鱼、尔虞我诈,似乎也难以区分。那些不在正常探索轨道上的"推进"是一种浪费,但"曲折前进""螺旋式上升"是客观规律,并无"仙人"可轻易指点迷津。这里出现了现实的"悖论"。舆论中不同意见者各执一词,似乎难分伯仲。

人工智能是技术,认知科学在目标上可谓人工智能的理论。钱学森没提智能科学,相应内容应在思维科学的"思维学"中。

 ## 2.2　常规约束

比如就人工智能与医疗健康交叉目标言,要解决实际问题至少涉及如下三个方面。

第一,针对临床。

工程化工作是利用科学理论、技术方法展开的面向用户需要或实际环境的解决应用问题的活动,就医学系统而言,一是指问题来自临床,不管研制仪器设备,还是开发服务软件,抑或设计分析算法,应当面对由临床医生或医疗机构提出的各种需要;二是所有结果是否有效、其优劣程度如何均由临床测试和用户反馈得出结论,评价的原则来自临床环境。

第二,统计计算。

针对临床的信息系统的效果,需要数量足够、表征全面、分布合理的实际数据予以支撑。比如,现在普遍应用的机器学习算法要将训练数据与测试数据集分开以期有针对性,否则结果会"看上去"不错;还要区分对象内和对象间数据,用同一个对象的数据而非不同对象不同时刻的数据会降低数据的代表性,削弱算法的泛化能力。

第三,科学基础。

应用研发所依托的思想、理论、方法都不能违背科学结论,不可超越既有限制,需要符合物理机理和客观规律。只有根植于有效基础研究成果的技术,才能保障其有效性、可靠性和普适性。需要努力避免的是与临床目标和需求无关联的所谓研究,一味为了"科研"而进行的数据分析,到头来经不起实践验证。

有次联合申请项目,有家高校一直很感兴趣,准备参与,当谈到要符合临床需要时,立刻退缩了。笔者的膝盖关节问题已历数十年,当时看过不少医生,没特别办法。近年,右腿小腿以上直至髋关节持续不适,若弯腰向右前方有时不如左前方顺畅,后来,在办公室坐久后觉得臀部略痛,起身则腿部有滞胀感。看了多位主任医师,还服过药,无效。在服药前,笔者偶然遇到一位研制离子治疗设备的前辈,他建议尝试其法,并举了若干试过几次就见效的例子。过后还专门发来信息,表示随时欢迎过去尝试。笔者首先想到的是,一方面,该设备尚未通过测试、获得注册证,而且机理不明,不能随意使用;另一方面,在没有其他办法的情况下,不妨实验一下,因为即便有证的设备,也未必管用。于是前去"冒险",这位前辈明确说无副作用,还说被称为"江湖郎中"。但第一次不但无效,个别部位不如此前。治疗需要持续多次,一次不足以说明问题,准备约第二次,得到的回复是:如果认为有效,欢迎再去,于是没再过去。推广其技术,希望有更多试用者本身可理解,笔者同意过去,后果当然自己承担。这类事本来挺难:没有许可,则难以上规模;而没有足够病例,谁会认可? 笔者病久乱投医,当了回当天一位朋友戏言的"小白鼠"。

有次笔者参加高级职称晋升答辩会,有位申请者说到一种传感器的指标比别人好,笔者问具体是什么指标,回答是灵敏度,笔者说临床上仅看灵敏度是不够的。他又说做了一种可穿戴设备,可面向老龄化等社会需求,笔者说这是一个老问题,并非传感器解决了就行,实际上,那个指标的传感器本身已不存在问题,临床需要的是信号分析的灵敏度、特异性、准确性等的综合性能。当然,按照规定的升级指标(无对实际应用的要求),笔者觉得这位申请者做得挺好,自然是同意的,只是想借机会提醒大家真正的问题所在。

母亲住院时有一天晚上笔者去病房探望,父亲说母亲指甲需要剪一下并问是否看得见,以前都是白天修。保姆说眼睛不好、不敢弄,那就笔者来修剪。由于母亲的手臂内弯、手掌紧握,指甲钳很难处于恰当的位置,光线也没法照到,突然听到母亲"哦哟"一声、手一缩,一看确是有点血痕。笔者很内疚,请护士处理,护士去后一开始没发现,后来说已结痂(没想到如此快),涂了药水。因而,在有了做事的愿望以后,还需要考虑对象内因(手掌状态自然)、外部条件(光线充足),以及适当的工具与方法。那个指甲钳是笔者去日本参会时带回的,有放大镜,适合老人用,母亲在自己能动手时用起来很顺手:大而料好,但也正因为如此,不小心可能"殃及"指甲以外的皮肉。

2.3 应用牵引

社会生活中有太多待解决的问题或任务,对此,首要的是有的放矢。有可能的话,宜专门花点时间琢磨,与随时的感想相结合,从用户需求开始一步步推进。被很多人看到、关注到的做成的事情是少数,有的有其前期的长时间的积累和反复,有的有别人不可复制的地方。有意义的事情不必都要是那种少有的示例,若能最终解决某个问题,则都有价值。反之,不是浪费就是空耗。当然,技术只是其中一个部分而已,政策导向、资金投入、团队合作、市场开拓等缺一不可。

然而,由于人的素质的差异、一定程度上法制的虚设和不同角色利益的捆绑,使得科研过程及其评价以一种非直接的,甚至无关联的形式呈现。举例而言,我国房地产市场,从大片空房可知泡沫的存在,这与政府的视野、开发商的利益、百姓的心理密切有关,但它对就业、经济增长率有积极意义。再看得具体一点,比如建房需要大量的合格的建材,有人在知道钢筋、水泥是现成可用的情况下,可能提出要研制"强度"更高的建材,未雨绸缪当然不坏。不过不失普遍性的是,建材不是强度越高越好,而是要性价比高。结果是,符合性价比要求的"强度"更高的材料没有出现,或者只在实验室有演示品。此时别人的房子已造好,但隔热材料效果不好,可是别无选择,只能退而求其次沿用原来的——需要关心的"隔热"问题明摆着但没人理睬,而这个问题如能解决对于舒适度、环保低碳、节能减耗等都有直接影响。

再如,建造高原高速公路,目的是用公路连接两个高原地区,技术问题涉及气温环境、岩石冻土等,基本要求是克服这些因素带来的困难,不能忽略这些基本问题而本末倒置地考虑设计上的美观、优雅,因为功能的实现及其可靠性是首要的,即使局部建模及其优化做得很好,但总体不协调、没有实用价值,或实施代价太高,纵然是不同于以前的创新工作也只能是"样板"。

又如软件工程方法是在软件开发常常进度拖延、预算超额、需求多变的背景下提出并形成的工程化方法,包括逐步细分的需求分析、系统设计、代码编写、功能测试、应用维护等环节,但实践中往往我行我素从而问题依旧。这些环节中,需求分析是首要的和尤为关键的。分析过程中,有的一言即明,有的需要反复沟通,有的刻画清晰,是描述性知识,有的是过程性知识[①],无论如何,当努力明确为要,有待与领域专家一起梳理现状、凝练主题,然后提出解决方案。既不能以为现有方法可以一用就灵,也不能各自为政,以为事情都是对方(用户、研发方)的,而要在具体需求规范的基础上作合理的设计,"磨刀不误砍柴工",若忽视前置环节,则不是将问题积累到后续阶段便是出功能残缺不全的半成品。宜力戒实验室小数据试验习惯,关注各方面功能或工作的协调,认真反思出现的错误并克服其产生根源,那不仅是研发问题,还在于观念、态度和服务意识。

现实生活中,有的科研工作对社会的贡献可能不如一位环卫师傅、建筑工人,估计许多人于此说不以为然,可从投入产出角度看一下。没有有用的成果自不必论,有成果如何? 当然可以引以为豪,但若与投入相比,有的成果价值只是投入的几分之一或一零头,有的甚至浪费惊人。简单计算一下正负,结果清晰。以建桥为例:

首先要架通,不能说这里有好的模型,但实际上还要靠渡船;接着须可靠,不能建不久就如"豆腐渣";还有成本应合理,计算上冗余很大自然"可靠",但浪费;然后是美观,桥梁是建筑,但不可本末倒置;最后看效果,利用率越高越有价值。

2.4　经历反思

笔者学计算机软件,然而第一个实际任务是面向维修需求的网络适配器逻辑分析(类似于软件的"反汇编")。因为是硬件问题,开始觉得与所学专业有距离,然而做过以后,原来不重视的数、模电路分析、计算机组成原理等的逻辑图看起来觉得自如,那是第一次由实践得来的关于书本知识与实

---

① 在本书第一版的附录中,列有"过程性知识和描述性知识"一节(侯世达.哥德尔　艾舍尔　巴赫——集异璧之大成.郭维德,等译.北京:商务印书馆,1996:474～476)。

际间距离的认识。

其后第一个工作单位是企业,笔者刚去时企业正在研制新一代不间断电源产品,有日本样机和当时航天部研究所作为技术支撑,但近千元一个的日本进口大功率晶体管一个接一个"烧"掉,尽管每次都有分析,然而蛮长时间不见改观,估计除了试验本身难以预料以外,工程师的领域经验以及理论计算不足是重要原因。稳定以后设计部门要开发数倍功率的产品,原以为"依葫芦画瓢"地放大不难,其实需要重新计算和实验,各参数并非线性扩展。后来那里又启动计算机控制的电源系统研制,除了数字化要求的不同,模拟信号处理、干扰消除等都是具体问题。这与笔者后来研究生阶段做的一个机床控制系统遇到的问题类似,本以为软件控制步进电机没那么麻烦。那都是没做过实际系统时"想当然"而已。真能学以致用实非易事①。

之后笔者做过短期网络维护工作,起先以为就是计算机网络课程内容,此为误区。读博士学位期间参与一个日本合作项目,用到窗口环境的通信接口,按其说明怎么也调不通,日本专家帮助也未果。后来绕开而行。系统本身不断在打"补丁"是一个方面,但经验不足始终是重要原因。博士后期间做了一个仿真效果不错的智能路由选择算法,笔者很想将其应用到实际电信网上,但制造商和运营商都不敢试,当时颇为费解,后来很理解,真正应用还需要大量试验,而那些工作涉及面非常广,没人愿意轻易决定。出站不久,想开发具备全球定位功能的移动位置信息终端即导游终端,因没有资源而未能细化功能,接着还想到列车补票用移动设备等,后来相关功能产品如雨后春笋。

笔者还学习过一段时间与软件工程相关的软件能力度模型,理论化文档无疑有教条之嫌,但没有基本规范就增加了软件开发过程出错的可能性。后来的科研活动,是找自己感兴趣的题目,要进入实际应用均颇为不易。比如心电图算法,原以为文献一大堆、参考一下即可,其实那些工作与临床要求间有鸿沟,有的准确性接近百分之百的算法在用实际数据测试时性能"腰斩",同时诊断规则也有需要完善之处;而测试数据代表性不够是突出问题,不仅要满足一定量的要求还要有结论标注。做成一个有生命力的产品,理念、认识、资源、模式、方法是技术以外不可忽视的方面。

---

① 董军.学历史 思教育——教育的反思与历史的回响.杭州:浙江大学出版社,2010.

很多企业,已经有可运行的产品,可还是无法站稳,便是例子。有道是:"科学不等于技术,技术不等于产品,产品不等于市场,市场不等于效益",笔者深以为然。

计算机科学强调软件开发过程中没法保证软件没有错误,只能通过调试不断纠错的思想,当时似觉说得绝对,只能"囫囵吞枣"地理解。后来听到软件形式化方法,以为那可保证软件不出错。就如与友人交流,不能光说自家有客厅、新茶,交通便捷,每次都到这里见面,而是要设身处地考虑,对方需要你去他家里感受其"品位"以便互相了解现状,也需要到自然环境共享生活意趣,否则,客厅就如实验室,跨不出去。不同环节的开发者不能"互不干预""各自为政",这里的"井水不犯河水"思想要不得。

2.5 普遍倾向

有次参会,遇到两位工程领域专家,他们都在推动成果产业化。一位说日本有本书介绍其作者通过中医手段治好自身疾病,笔者说那即便确实,或许是孤案。所说的治疗,要求病人所做甚多,治不好是否都是病人的责任?又说起脉诊仪,那位说他们的有效,笔者即说传感器没有做好,如何模拟把脉?没有下文。另一位在给一旁人介绍其使人年轻的保健品,是灵芝提取物,说他们有特殊的提取技术。且不谈此,后来那位又说遇到非同一般的治病"高手",他自己的病被治好了,而且还能见"灵魂",绘声绘色。笔者说从古至今该有多少啊,都能见吗?回答说不是,他的"老师"能,但也没那么多,需要特别能力。

还曾听一位研究员说,他与一老中医聊了半天,老中医说他通过血流分析检测得到的正是中医把脉想要的。笔者说,中医通过把脉感知体征信息,那里的要素是直接的指下感知经验而非体内活动状态,后者难以对应把脉经验,老中医也没可能对其作评价。他们即便努力想厘清把脉过程,也如同测海浪速度但讨论海洋内部的湍流活动——两者当然有关,但间接。对方以为笔者未明其说,实际上其言简单,他不知道笔者不信其言。科技界,臆想者颇多,于是有了吹牛的、骗人的、自以为是的、骑虎难下的。据说那位老中医对媒体宣传的有些中医成果不以为然,这结论大致无误,但不意味着持此类看法者自身的观点就是对的。

另有一次，一位原来从事光学研究的国家"千人计划"入选者介绍通过人脸多参数获取来提供医疗、健康、美容分析诊断依据的实践，思想上可行，可是哪些特征表征某种症状，这些特征如何感知、模式关系如何，均不清楚。他还提到中医望（面）诊，笔者问与中医仔细交流过没，回答说没有！即便与中医沟通，也难以明对应关系。这样的研究真是无本之木。一条可行之路，是与现有的"四诊仪"的效果作对比，使其面诊能力达到某种基本水平。

　　更有著名计算机教授企图让人通过分析脸上血色的变化（也是一种"望"）来测量血压，说者觉得新颖，笔者即说那哪能做好、没用啊！这两者间的关系过于复杂，至少复杂到我们目前不知道到底如何，粗略的估计或许可以尝试。"脸测"是"艺高人胆大"之果？可惜用类似思路做"科研"者绝非少数，而且往往有"佳绩"。一位资深人士说中医的效果没法衡量，这是似是而非之语，"是"的是，目前为止还没有很好地去做；"非"的是，不研究衡量方法，如何才能"衡量"？假如学理工科的都这么认为，那就没法要求不熟悉理工科基本知识的中医者自己去实践。先要认识到中医效果应该可以衡量，才能做试验，从而证明或证伪。

　　有次一位教授说起对联书法内容是否可有个小应用解决其识读问题，因有的字并不认得。笔者表示那是一个有趣的问题，一种处理方式是提取骨架然后利用手写体识别技术，并与另外一位相关研究方向的教授交流了想法，他说以前那样做，当下用深度学习即可，他们已做过一些工作。笔者意要两者（指推理与学习）结合，一个没见过的字，学不到，如何识别？这位立刻表示是受数据集限制。这事显现出更为普遍的问题在于，不少科研工作者习惯于实验室"小试"，对实际问题的条件及其复杂性缺乏应有的重视，有时候将不同领域、不同背景、不同层面的问题混为一谈。就如常听上了年龄者说现在记性很差，又说以前的事反而记得。其实，两者并不可同日而语。以前能"记得"的，是重要的或感兴趣的内容，后来是在记忆基础上的"回忆"；现在的"不记得"，是可能压根没进入"记忆"，如果是那样，能"回忆"出什么来？这也从一个侧面表明，不是啥都可以通过"深度学习"而来，尽管学习是必须的。

　　坊间有大量科技著作，其中不少理论功底深厚、形式推演丰富，若属纯粹"科学"范畴很正常，若面向技术需求或工程问题，则以解决问题为要。能应用到具体实践中最好，能指导或启发应用也不错，就具体需求而言只及一点、不及其余不算毫无意义,若"声东击西"或"两张皮"就乏善可陈了。

成果转化是产出的重要标志,有人一个劲地说投入不足、政策不对路或还需时间,即强调外因。有人认识到一些问题,认为要进行角色转换,似乎那样的话事情就顺利了,其实还是想当然。产业化本质上包含若干步骤,每一步都要踏实、到位,且各步要前后相续、有机关联。不管科技人员与管理、市场人员分工,还是独自包揽各项事务,必须保障各环节符合要求才有希望把整个事情做好。如果所做一直是实验室工作甚至一开始就偏离目标,结果可想而知。即便走出实验室过后还要有小试、中试等。

曾与一位在模糊控制领域有好成果的教授谈起中医诊断系统,他说数十年前他就注意到有这类专家系统,现在有大数据,应该不难吧。笔者告知以把脉模拟为例,当时缺乏的是有效的传感器,采集不到有效数据,后面的工作无从谈起,所见很多所谓"脉诊仪"就是面临这样的问题,因而实质上与医生的指下感觉相去甚远。这位教授还是认为脉象数据的表征应该不难,将这些数据拿来就可解决问题,笔者指出非常复杂、医生自己都难以说清楚,远非幅度和频率可概括,即便是此类不合要求的数据,目前规模也不够。

理论研究做模型当然无可厚非,但"丰满"与"骨感"到底不是一回事。解决实际问题不限于狭义的"应用",宏观而言一个数学家解决了物理学问题,具体到人工智能实现了蛋白质结构预测等,都是其例,只不过评判者是物理学家、化学家而非数学家、人工智能技术工作者。

附录3　中　医　循　证

　　关于中医的争议,本质上是针对其理论基础与临床效果的,若希望中医发挥更多作用,则面对误解、贬低甚至否定宜以理服人,一时半会说不透也能理解,但不可自言自语;若批判中医,需要客观、冷静的分析使之言之有理,并注意合乎常识,漏洞时现、矛盾不断反过来表明自身乏理。中医的自证非常重要,就如病人要想康复,自己首先要积极面对,配合治疗,被动等着医生开药、做手术不够,有时适得其反。若有足够说服力,质疑自然可去。

　　大家到饭店用餐,若没就卫生情况提出问题则皆大欢喜,假如因某菜欠新鲜、有异味或出现苍蝇而向店家指出,店家应接受现实,如果一个劲地强调卫生没问题,甚至说就是这样、爱吃就吃,则不仅服不了众反而会让声誉受损,承认道歉、下不为例才是。再比如不能见了树阴就说那树苗壮成长,因其可能营养不良、有虫害,仅凭所带来的凉意没法下结论。

　　批评中医者其实有类似误区。比如将中国历代皇帝平均寿命低、皇帝又往往得到名中医的服务作为中医无效的依据。人均寿命不断增高是不争的事实,然而于此需要更为基本的统计对照,没有机会获得中医服务的人群情况如何?中医治疗有效的记载并不少见,而皇帝的生活有其特殊性,因此难有代表性,比如他们可能营养过于丰盛(过犹不及)、生活不健康(缺乏必要运动或劳作)、精神压力大(处理宫廷争斗),甚至沉迷于炼丹术等适得其反的活动等,所谓御医不一定是最高水平者,那里杜绝不了"滥竽充数"现象。这些因素不见得都"减"寿,但忽略它们的互相影响就缺乏说服力甚至站不住脚了。

　　中医自身将"数千年实践",以及不断积累的病例作为依据,可是尚不充分。某日友人送我一本名医"讲记",中医世家有当今声望与他们的治疗作用相关无疑,然而不严密的陈述时现。

　　第一,强调扶阳,主用姜等治疗各种疾病,宏观上是否因此排斥了中医的其他手段与方剂:如果其他方法欠佳,则中医似乎限于某家;如果其他方法同样有效，则该法"优势"难以成立。由此而来的问题是，中医门派颇多、莫衷一是，有的互相抵触。

第二，书中不断提到另外一书，该书不少地方有类似问题，比如指出用西医软化血管之类的措施不解决高血压根本问题。该结论本身不错，但没见到中医就此的解决途径；没有其他办法就只能退而求其次，高血压病人不服药如何是好。

第三，作者说，他会建议在他那里看三次无果的病人检查肿瘤情况，基本都可确认（肿瘤），言外之意是非肿瘤病他那里都可看好；还说看病非常多人次，没有遇到失败的案例。且不说标准如何，缺乏严格统计就出现了中医普遍的问题，诊病有误诊本身是常识。

第四，说《黄帝内经》等是宏观思想没错，同时将具体病例对应到《黄帝内经》某句话也可以，只是综合起来会让人觉得依靠《黄帝内经》就可治病，于是问题显然：为何现在有那么多病没法治疗、实际上又有多少经方可对应到《黄帝内经》上？

第五，整本书的体例是交流式的，举了不少例子，送笔者书的友人过去咨询并服药后觉得有效是实在情况，更重要的是归纳、分析、对比、统计和总结从而面对和解决大家的疑惑，即前面提及的"自证"，否则中医总体上依旧而说不上发展。

"中学为体，西学为用"是19世纪60年代晚清洋务派对待中西文化的基本思想，主张以中国传统名教为原本、西方科学技术为应用，以改变清王朝时状。20世纪80年代李泽厚反之提出"西学为体，中学为用"，我国医疗领域现状和医生观念是否基本也如此，日常生活中，多数国人的认识是：西医直接、有效，而中医适合调理身体，意即可起辅助作用，可以说那也是"体""用"之别。

笔者问过若干西医主任医师，为何没有心脏癌症，有说好像也有例子，有的无言，有说心脏一直在动所以没有（癌症）、只能这么想了。这最后一说可以是一种思考结果，然非依据或结论，因为"肌体一直活动就不会癌变"的断言本身需要证明（癌细胞也是活动的，血液是流动的然而有白血病）。西医与中医一样有许多待阐明或研究的问题。此篇非笔者原本感兴趣的内容，只是希望通过简单的分析引出中医现代化、中医智能化的可能焦点，人工智能技术工作者可助以一臂之力。

附录4　书法管见

　　隐性知识与领域经验直接关联,笔者于医疗诊断无任何体验,因而人工智能与医疗健康的交叉工作依赖于医疗领域专家的指点、启发和帮助,唯于书法学习与欣赏数十年里略有实践和反思。无论其深入或全面与否,是实感具识,是关于隐性知识本身的直接经验,勉强算是一点个人经验,或可言关于隐性知识的"隐性知识",于此模拟者"甲方"与模拟对象"乙方"可因此合而为一,有助于思维过程建模[①]。故不揣谫陋,敷述于此。

4.1　池水初涉

　　书法本指书写法则及汉字视觉呈现,似乎难有一句话的定义,而用一堆句子从不同角度作限制性表述,既缺乏概括和凝练特征,又易挂一漏万,不过基本要素还是清晰的:

- 涉及纸、墨、笔、砚即所谓"文房四宝"(硬笔书法不在其列,尽管如毛泽东的铅笔字同样一流);
- 以汉字为表现对象(阿拉伯字暂且不谈),毛笔是首要的和基本的工具;
- 线条质量,如"肥瘦""枯润""厚薄"等对立统一关系是核心内容(或"矛盾");
- 关乎单字结构、字句章法、整篇意境等(审美约束),前人有的言之有物,有的脱离实践甚至玄虚;
- 讲究关系的对比(空间)与韵律的变化(时间),以及更为微妙的、不易衡量的视觉差异。

　　所谓书法学习,首先是了解基本执笔、运笔方法,然后通过笔墨轨迹,留

---

① 董军.计算机书法引论.北京:科学出版社,2007.

下线条,组合成字,体现章法,呈现形象;同时产生意境、焕发神韵,前者是综合的、整体的精神境界,后者是自然的、独特的审美感受。广义而言,后面几点皆是笔法的外延。

书法学习在笔法以外,需要广泛临摹,精勤摸索,以及阅历丰富,思维开阔,审美高远诸多因素的支撑。第一、第二点指临摹、阅读(碑帖、书籍)、表达等,既是必需的,也是恒久的;第三点不止诸如参观展览、寻访古碑,与第四、第五点一样都是字外功夫、书外天地;前面三点,通过思维拓展与深化,升华审美境界,从而尽量使目的与结果统一。与百姓喜闻乐见的唱歌做比较,其要求大概就如讲普通话,音色及字正腔圆好比线条在书法学习中的基础角色,一个字、一个字地吐字衔接如同对结构的要求,唱完一首歌也就构成了某种"章法",这与歌曲创作背景、时代气息、歌唱家感情投入等一起创造出一种意境。

笔者曾与若干书法家和书法教师交流书法学习的执笔"规矩"。小朋友一开始学习时需要被教授基本的要求,就如老师们要求小学生端坐,大了以后他们未必保持习惯,但那于小朋友的正常发育有益是毋庸置疑的。有人举齐白石、黄宾虹用笔如何随意之例,其实那恰是经验的高级境界,普通人只能"心向往之",而不宜"以此类推"。对于其他方面的认识也类似。

就学习而言,总要给出一种方法或提出一种要求,就如同面对初始接触电子计算机的学生,应该告知其双手放在键盘上的基本姿势和位置,并逐步能够"盲打",尽管包括笔者在内的多数人没有努力为之——大家都能工作但效率不同。正确的方法和切实的引导不求事半功倍,也可减少弯路。执笔方法各式各样,甚至还有关于书法执笔的"专著",有言"执笔无定法",其实有一些基本要求,比如指实掌虚、悬臂运肘、左右协调等。赵孟頫则有言"结字因时相传,用笔千古不易"。

从现代科学出发,执笔应有与人体生理特点相应的方式,有人从手部神经系统角度探讨应该是"三指执笔"还是"五指齐力",不失为关于执笔方式在生理上是否合理的一种探索,与运动员训练讲究科学方法类似。就如看书,坐着、靠着、躺着大有人在,但坐着是恰当的。古人执笔各不相同,并不意味着那就是"无法"的依据;如同前人读书,精神可嘉,但不意味着读的都有用,多数不读也罢。书法名家中,比如苏轼、黄庭坚读书多,张旭、怀素不知如何,总之能理论联系实际的少。

读书是学习的必然途径,哪个学科都一样,那不是形式而是手段,其作用当围绕具体工作或方向,片面强调读书但流于表面,则可能无济于事甚至适得其反,最终看的是创作效果。不仅读书与创作如此,不同艺术门类之间也相仿,有的人涉及面广,但不能互相借鉴,更不要说融会贯通。能够有机结合,汇成一个"山峰"方为佳境。

"用笔"主要是"运锋","中锋"即努力使笔锋中正勿欹,从而使线条饱满劲健、变化自如,线条平滑而过不好,顿挫造作则可能过犹不及,勿在轮廓上有太大起伏为妥。即便看似简单的竖笔,要长而润、疾又挺并非易事。佳作中亦可见侧锋,那可以是点缀,就如人走路向前,偶然侧视尚可,不时东张西望则失之于歪路或滑稽了。与中锋相伴的是努力涩进,即笔与纸保持"逆向"作用,使得墨色苍润而不显枯弱,从而点点到位、积点成线,以避免笔迹轻滑笔意漂浮、"平铺直叙",后者本指视觉形象,不是一味的运笔速度,所谓"疾涩"是在"涩"的前提下的"疾"(墨太干笔画会枯,墨太润则难现线条品质,墨适当而姿态丰富就靠运笔)。沃兴华教授说,要让笔锋时刻"咬"着纸面运动。林散之说,笔不可轻轻拖过,墨痕轻重恒等为佳,所谓力透纸背。那是通过互相作用、刚柔相济完成的。

中锋用笔当注意用"锋"而非笔肚,否则即便"中"依然乏力,难有变化和趣味。中锋还要重视使转,让中锋之势得以继续并维持中锋本身,既是为了书写的活泼,也是为了运笔的灵活——两者一定程度上是一对矛盾。

通常先学正书包括篆隶,然后行草,没听说过哪个草书大家一开始就写草书。不过那不意味着前者一定要达到与后者相当的高度,尽管有些草书大家的楷书也很出色。好比一位大学数学老师若教中学数学不一定比中学老师强,基础或支撑作用,不等于最终表现和面貌。

碑帖以汉代前后最为多姿多彩而各体兼备,东汉刻石,以及西汉简牍中的隶书汗牛充栋;汉代篆书包括汉印朴茂多姿,与此前的三代金文和更早的甲骨文交相辉映,秦代篆书似嫌刻板,然而于线条训练、结构认识有益。稍后三国正书、小楷,与再后六朝宏丰的碑志前后相续。"取法乎上"是被普遍接受的观念,不过也要区分学习者的用意,比如不少人随录音学唱歌,后来也能唱,自娱自乐、随便哼哼,未尝不可;专业工作者则不是这样学。书法也有其实用性,比如老百姓会认为其可使日常写的字好看、潇洒些,或用以调节生活内容、养生等。在我国,教育部门会时不时强调中小学开设书法学习课程的重要性,且不说这种反复于个人成长的内在要求和教育规律是否吻合,其实毛笔书法与硬笔字优劣无必然关联,尽管它们都是书写,如同开炮和打枪,"神枪手"未必会开炮,因操作技巧不同,不过审美角度有一定共性是无疑的。绝大多数学生大概既不会认真对待从而也不至于在以后的生活中能享受到书法艺术带来的乐趣,迫于老师或家长的要求,他们多应付了事而不去体会美感。"写字"与"学书"以至"审美"并非一回事,古代都用毛笔,可是流传至今、经得起检验的名作就那些。把书法当作一种兴趣是合适的,即它并非直接地施作用于日常书写,而是可用于训练人的审美品位,从而可能对硬笔字有潜移默化的影响。

书法专业授予博士学位已久,有人认为书法不宜设此,因为创作和理论不是一回事,其实那是各学科的普遍问题。理论本身可以研究、值得研究,尤其书法尚有不少交叉领域还是处女地,理论家未必是实践家。理论涉及技法、审美、考据等,后者与创作无必然关联,而具体创作技法与工程技术有类似之处,即其实践性。如果书法博士学术上无突破同时创作平平,那就难免引起争议了。

全身精力到毫端,定气先将两足安。

悟入鹅群行水势,方知五指力齐难。

——包世臣《题执笔图》

4.2　临摹为基

临摹可以更为主动的方式实践之,包括手到、眼到、心到,也就是要书写、记忆、体会同步,而不仅是一笔一笔的机械模仿,就如同读书时凝神定思、心无旁骛与三心二意、心猿意马之间有显著的效果差异那样。临摹中,光记得字的结构还不够,在不断反复的过程中,还要重视细节,体会微妙之处,能举一反三更好,这里也是精与多的统一之辩证关系。曾见《白砥临古书法精粹》一套,白砥教授的书法创作在其同龄人当中属上乘,他指不转、墨色匀,不过有些线条较薄弱,结构欠自然。

还有观点认为对临不如背临,背临当然可以强化效果,发现问题,但没有足够临摹前提下的背临,就如同没有足够的训练而企图熟能生巧。祝嘉说临书时要完整要一行一行临,实在不行要一个字一个字临,而不是看一笔、写一笔,即重视主要结构、呼应。"临"往往求似而少主动的发挥、积极的变化、系统的把控,真正临熟了,便可以以行为"单位",那时的体验与认识不同以往,"临"是为了"不临"。

如读书、求知、做学问、搞研究,仅读教科书或几篇论文是大为不足的,扬雄说"能观千剑,而后能剑;能读千赋,而后能赋"。临摹少量碑帖远不够,不过一味追求数量、忽视练习效果则可能事倍功半都不如,笔者学生时代有"认真"临习而只计数量、未顾进步的历程,因而深有体会,应付的百通也许不及十遍的作用,此说原因有三,一是即便百通,没有哪本经典碑帖是笔者烂熟于心的;二是有的碑帖临了一遍或几遍,与临了数十遍的效果似乎无别,难以看出"功夫"导致的差异;三是笔者对不同碑帖间或大或小的不同并没有形成细节上的比较印象,比如隶书的蚕头燕尾横画,每部汉碑均不同,碑中各字也不同。

因此,临习数量有时是一种与进步不成比例的表面文章。不过日积月累应多少能干成点事,所谓水滴石穿既充实也不太困难,可惜大家在短暂的生命旅途中有时候显得实在太慷慨,不知不觉中年华付水流,等闲白了头。

曾见某位学过四五百种碑帖的介绍,不知每种临习多少回,仅就数量言是非常多了,观其作品,则乏善可陈。专精是更为基本的,据专门临摹古书画者云,他们有机会每天看到原作,见什么临摹什么,于是不记了,有人难得见古代真迹、强记,等下次有机会再看,反而印象深刻。

原作、印刷品,一流的、有特色的作品要看,有的不合个人情趣也可浏览,有的需要通过临摹不断品位和体会,也有的并不值得关注。厚积薄发然后可能化蛹成蝶。在广泛学习的前提下,可选择尤感兴趣、与己观念吻合者多加揣摩,自然而然可获得更深认识,只是应避免囿于一家。剪裱本已无原来章法可见,而不少碑刻整篇章法未必特殊。

临摹之外读帖同样重要而非可有可无,多读相对容易,多写受精力限制,需要折中。首先,读和临都可加深对学习对象的认识与感知记忆,是认知的一个方面,当然,临的体会及其效果更透;其次,读时除了字本身的形态,会更为关注字与字的关系以致章法,这是临习时容易丢失或忽略的;同时,有时读不仅关注一个字而是让相关字同步进入视野,可能会联想到临的时候所遇问题,甚至会发现临的时候出现的问题的主要方面,是一个带有反馈的过程。

此外，独特的结构以致笔画及用笔细节也可由读而愈加清晰，那有助于在临摹时对形的把握与笔锋的控制。读是相对宏观、整体的思维状态，与临互补且可相互渗透：读是临的拓展和深化，临是读、记后的实践与体验。在这个过程中，学习者会自然地将碑刻笔画轮廓上的"噪声"滤除，实现笔画轮廓的平滑和拟合，这是思维的基本功能。

　　把握所临碑帖的笔画优点或审美特色是临摹的一种境界，记住经典是自如创作的基础，有时练习百遍而印象笼统。有的一时有记、稍后即忘。笔者中学时曾能用小篆在黑板上写出柳宗元《江雪》诗，只是老早忘了。

　　中国书画都讲究"骨法"，其实"骨法"就是书画线条形式美的内在灵魂。书法的线条是书家走向成熟、确定风格的重要标志。笔者对董其昌的书法长时间里不以为然，其实如其"试笔帖"中锋流畅、意境大气，原来的观念并不恰当。书法线条应是圆厚的，如实木，应求硬木之质，避免白木之松。一次由博物馆陈列的岩画、彩陶，想起另外的代表性原始艺术甲骨文和青铜器，忽而联想到书法线条的一种境界当是，岩画之犷（面目简练）、彩陶之爽（线条灵动）、甲骨之挺（形象圆劲）、青铜之厚（气息稳健）。潜移默化很重要，但无论"移"或者"化"都有度。就如读书需要整洁、安静的环境，那不意味着需要过大的空间、"万籁俱静"的环境。

　　从节省纸墨出发，可在墨纸或如现在的书写纸上练习，但水痕不如墨痕清晰。若创作后反过来再临，记忆会更深刻，有的前人一天隔一天临摹与创作交替，看似古板甚至缺乏必要性，其实是切实的体验之果，可以及时发现不足并启发创作，即便熟悉的经典也会有以前忽视或值得回味之处。

　　学习（临摹）到底多少遍恰当难有定论（就认知神经科学而言，这不易实验），有的碑帖各有特色但有共性，如何优化临摹过程亦难，集字是一种选择，那是介于临摹与创作间的实践，或言是向创作的过渡：既能关注细节又可以新的布局出现，逐步脱离了从头到尾的临习过程，若有一定基础，集字甚至可跳过对某一碑帖的逐字临摹阶段（碑帖中并非字字俱佳）。以集联为例，大致经如下过程①。

————————————

① 拙著交稿那天上班途中，笔者想到祝嘉章草条幅"路漫漫其修远兮，吾将上下而求索"，字佳且形式也特别，是单行，于是将其作为上联凑下联，并发给两位亲友。下午尹兄问集联具体怎么做、如何摘取字句、对仗如何讲究。此处三点乃晚上回家途中笔者的回复，但觉得他不会满意，有些本来即明，有些或许如隔靴搔痒。若有一定实践，可言说和没能言说的或许都能逐步理解，此亦隐性知识。

第一，经过反复读碑帖选出出色字或特色字，范围缩小，然而"素材"更少，在其中先选可成对的主词，接着找修饰词或谓词等，该过程难以细表，由具体情况定；不成还得回到原碑帖中找其他字，具体哪个字（词）对哪个皆以对联基本要求为约束。

第二，若已有半对，则在脑海中搜索可对之词，似乎这种情况稍易，其实不然，有字（词）对上是基本的要求，意思、意境相合方可；比如针对屈原句得"柳依依莫往迟矣，燕送雨雪载渴思"未必佳，此时只能等而下之，有的过段时间不满意，只能舍弃。

第三，此句源自起始时间比《离骚》稍早的《诗经》两则："昔我往矣，杨柳依依；今我来思，雨雪霏霏。行道迟迟，载渴载饥；我心伤悲，莫知我哀。""燕燕于飞，下上其音。之子于归，远送于南。瞻望弗及，实劳我心。"有多处叠词（与"慢慢"对），反复试得。

书法学习主要靠印刷品、照片，见到真迹的机会少，由于复制品与原作间在逼真、清晰方面有不同程度的差距，而其身临其境的观摩感受大不相同，因而参观作品展览不仅不是可有可无，而且还是观察细节、参考用笔甚至体验创作的良机。现代作品展，大幅和多字作多，给观众以独特的视觉气息，然而不可因此主次倒置、漏了主旨。

> 眼处心生句自神，暗中摸索总非真。
> 画图临出秦川景，亲到长安有几人？
>
> ——元好问《论诗·其一》

4.3 创作乃旨

书法中，一笔一画是基础，但不是写好了一笔一画就能写好字，能写好某个字不意味着就能写好一行字、一幅字，这些差异实际上也是一道道需要跨越的门槛。从量变质变过程看，量的积聚可能看似不少，加上内心的急切期待，会觉得可以有所"飞跃"了，实际上离质变还欠火候，此时进行创作不会如意。然而临摹和创作的"同步"也是重要的，如果因创作不如意而一味回归单一的临摹，这一步就跨不过去。"眼高手低"在所难免，训练足够了，创作当可如鱼得水、渐入佳境。这里几乎就是一个伪命题：临摹不等于创作，临摹好本来就不一定意味着创作好；也非人人都可创作，就像不能要求人人有创新成果一样。

书法中的点是特殊线条，是浓缩的线条。线条首先要横平竖直，这是不言而喻的，重要的是线条厚劲而不呆滞、寓点于线而富于变化；线条应是字的和谐成分而非"各自为政"。但从线条出发，会导致迥异的效果，像群山中的森林，山川秀美离不开树木丰茂，而树木本身也是景致所在，比如迎客松之于黄山那样。

线条的组合便是结构，笔画与笔画的关系是由汉字的书写顺序决定的。写字不是拍照，应该将对线条的记忆、理解加载到基本结构上，这时已逐步带有创作的成分。

所谓书法创作就是一件作品的诞生过程，那里有往日的临摹基础，预先文字内容的选择，大致的位置安排，接着是心手相畅的表达、即兴的发挥，有的如拳击、武术，全是临时的轨迹而不是规划的实现，那是一个不断摸索、反思和比照的过程，能吃透若干种碑帖为好，由个别碑帖形成个人风格不是易事，真正走通此路的，其实所临不会不广；新意只是一个方面，最主要的是深度、高度和厚度。

日常学习做练习，基本都属于"临摹"范畴，能解决实际（工程）问题，才是到了意临然后创作阶段。历史上有的艺术作品，水准极高，但作者似乎谈不上眼界高低、知识多少，从统计角度看，这种情况是个案，大多数人，知得不多，总有局限性。

将结构的范围拓展，就是章法。广义的结构不仅针对字本身，也包括字与字、行与行之间的关系，前人作品的章法有很多可学习的地方，但其创作结果往往是随机所得，《宋史·岳飞传》云："运用之妙，存乎一心。"指布阵、打仗，实时的选择、决策非常重要而难以预先设计、规划，即欧阳询所谓"意在笔先，文向思后"。那有不同层面、粒度的区分，宏观上是"成竹在胸"，中观上"用笔千古不易"，微观上运笔过程中有诸多调整，是临时的、转瞬即变的。"妙"在当时综合各种因素后的呈现，只是不可太随意，否则败笔必多。

有后人专门去分析前人的章法，但那是否本意呢？避让、黑白等的对立统一都可在章法中体现，只是解释余地挺大。章法要求从点画服务字、以字为中心转变到以字为"元素"并整篇着眼。就如"腹有诗书气自华"，章法更多应是自然而然的认识。结构可以差别很大，线条内涵丰富则是根本的，如于右任、徐生翁都从碑出，面目各异。徐字奇拙，线条（尤其横画）独一无二，看似无提按、一波三折然而稳又健，可能就是功力到家后的高人之处。反之，结构合理但线条糜弱、乏味，则难言上乘。有的作品无法面面俱到而某一方面有长处，如祝允明的草书，有的线条侧弱但韵致良佳。

什么是意境呢？那是一种宏观感觉，是由深刻体验而呈现的，比如气势博大、奔放，内涵深邃、厚实，是所见与所思的综合印象。能说的一望可知，比如丰满、活泼意味着热烈、灵动，疏朗、涩润意味着苍凉、辽阔；不好表达的再说也可能只是茫然。犹如"翩若惊鸿，婉若游龙"还好，"龙跳天门，虎卧凤阙"就难以明白（米芾曾作此叹）。

线条的相切、相交、相离，以及长短、肥瘦、方圆，字的避让呼应，结构的向背、正欹、宽紧，章法的疏密、通断、借补，墨色的浓淡、枯润、匀变，意境的形神、动静、雅俗，以及笔锋的长短，运笔的轻重，都影响创作效果。这里，除了真正有启迪、有指导意义的理论或著作，没有像其他学科那样丰富的资料可以作为基础或"肩膀"踏而前行，每个在书法上有所成就的人都得从基础练习开始。而有意义的理论可以是经验的总结、知识的精化，也可以是感悟的整理、思想的梳理，最终目的应该针对学习，能够指导实践而不是孤芳自赏。比如写大字不是机械放大，由于笔力的差异，放大未必简单，还可能影响线条和结构；写小字也不一样，由于笔画短，有的笔意被浓缩但还是要清晰可观，小字放大后若依然笔画饱满、结构美观，则为上乘。大笔写小字，笔锋可控范围大，变化余地多；反之，小笔写大字，笔锋基本用足，至少线条肥瘦变化就难了。

篆书圆劲，隶书舒展，行书流畅，草书灵动，正书寓变，于创作皆为特色。有的如高山大海，奔腾激越，汹涌澎湃；有的如鸟语花香，婉转清新，温碧和祥。不少名碑互补且可融合，正书中的《嵩高灵庙碑》点画凝重，把隶法融入楷书中，行笔沉着，结体错落，气息质朴，风格超然；云峰石刻（不限于《郑文公碑》）有一部分规整又开张；《瘗鹤铭》结构率动。隶书中的线条如《黼阁颂》之浑厚朴茂，《开通褒斜道刻石》之圆畅舒阔；篆书中，《秦诏版》错落生动，《天发神谶》意奇趣异，提供了丰富的可吸收的审美元素。

齐白石说，作画太似为媚俗，不似为欺世。黄宾虹表示，惟绝似又绝不似于物象者为真画。书法亦然。这里的似与不似至少有三重含义，第一，纯粹的相像并非艺术，就连摄影都讲究渲染与处理；第二，全然不像，则不是反映生活而是"胡思乱想"了;第三,艺术正是要在现实基础上的创造,两者不可或缺。创作当追求点画之率意,线条之厚劲,结构之自然,章法之新颖,留给审视者生动韵致、个人面目、和谐美感和反思空间。

这里无固定模式,各人当有不同体会,试图概括具体途径,必然难陈其详,以致"曲高和寡"、应者寥寥。比如斜、正,三角形、直线,中轴线、角度等概念,要么是艺术家个人眼中的"尺码",要么是与鲜活的美学原则冲突的生硬"标准",于是不免似是而非,无法推而广之。沃兴华教授临池功底深厚,创作意识强烈、个人面目独特、技法总结具体。无论是线条的沉厚、结构的自由,还是布局的用意、形式的多样,均令人耳目一新甚至为之激动,他出版了书法创作主题的系列著作。言其作"丑"甚至走火入魔,那是理解不够所致甚是偏见,他说那没有道理,他不予理会。不过,虽然矫枉有时要过正,但也常会过犹不及。"做""摆"太甚,离自然会远,去本真就多。字的结构变了,但是否一定就生动了呢? 有意"留空"了,是否就一定"黑""白"呼应了呢? 随意的几个点,就一定构成三角形了? 三角形表征一种稳定性,未必直接与美瓜葛得上。

笔者想到过用书法笔法勾勒岩画图案(着色岩画除外),因它们基本的构成成分都是线,岩画线条粗犷而构图简略,一来画面不繁,二来特别需要线来表达,同时参以八大山人、齐白石等的山石笔意,而这正是很多画家不足之处。很快此念沉入脑底。书法创新需要:

- 合理的方法、足够的训练,但不能盲目,应该取法乎上;
- 去粗取精地理解前人书法理论并融合自身的实践;
- 广泛的熏陶、阅历,但要有主动性,不仅是"观赏";
- 良好的审美眼光和不断的比较、反思;
- 内在的精神追求,向确有其成者学习。

简言之则是方法、训练与眼界。艺术创作与科技界倡导的创新有着同样的动机和期待,只是目的与要求有异。科技工作之理论脱离实际的情形比比皆是,这里有跨越前人的内在困难,也有指标体系的误导。对于多数人、多数事而言,没有创新也是常态。这也从一个侧面可知为何科技创新困难、科技真正转化为生产力之任务艰巨、真具个人面目又符合审美约束的作品少见的原因。

创新地解决具体问题、创新地看待整体问题,一定不是抛开原来基础或割裂相互间关系的"与众不同"或"孤芳自赏"那样的标新立异,比如鸿篇巨制、如椽大笔,那是特色但非创新。书法宏观而言只有正与非正之别,细之是篆、隶、楷、草或者加上行书,然而不同时代有不同特征,不同个人有不同风格,即使同样的正书也是因人而异。一流的创作任何时代都是凤毛麟角,而都应符合基本结构约束,因为这种结构即使不是符合黄金分割也是接近一种约定俗成的美感,没有变化当然也就没有生动和丰富可言,但"过犹不及"。

历史上有很多关于书法家由生活情景、自然现象获得启发的故事。王羲之有感于鹅掌拨水,摄取其神态悠然自得、力量蓄而不发的特征;张旭见担夫争道,闻鼓吹而得笔法意、观赏公孙舞剑而得其神;怀素观夏云奇峰、壁坼痕折;黄庭坚有感于船夫荡桨;徐渭讲那些都是指运笔;日本杰出的僧人书法家良宽讲,他最不喜欢书法家的字、厨师的菜与诗人的诗。其实自然界的启发不一而足,比如奔流的波涛中有起伏的节律、动态的连续、饱满的张力、圆润的过渡,寓动于静,离而不散。真能从必然王国到自由王国者寡。

有次去外地参加一个学术委员会会议,笔者不揣谫陋带了些以前休息日所书习作供大家一笑,其中一位说怎么没盖印章,笔者意不满意,都不盖,好玩而已,会后路上那位老师又提及,笔者意盖了章(可能)会被拿去装裱,浪费了。由此可联想到书画作品上印章的作用。本来,印章只是确认身份,逐步才有了闲章。现代机器高仿的印章已难辨端倪,因而其原本作用已难以胜任,有的干脆说(真伪)不看印章了。至于章可提高画面丰富性亦非必然,比如中国画有色彩斑斓的泼墨山水,也有单一的水墨画而不失意境,即色彩并非不可或缺。章可丰富画面,本身还是艺术品,但盖不盖不影响基本面。

世人尽学兰亭面,欲换凡骨无金丹。

谁知洛阳杨疯子,下笔便到乌丝栏。

——黄庭坚赞杨凝式《韭花帖》

 ## 4.4　面目何出

书法更偏重实践、表现、美感。变形是书法创作的基本要求。祝嘉说,总是在一个"变"字上。黄宾虹强调播磨的平、留、圆、重、变,前面四个字是手段,是为最后一个字服务的。

特别具有参考意义的当是探索大家递阶与成长细节，比如面目形成的具体脉络、各阶段的取舍、教训与反思等。书法创作由形变而具有个人面目，大概可分为三种情况。一是如吕凤子，糅合各种书体、各体痕迹可见然而自有特色；二是多数大家的途径，尤其如于右任，浸淫正书北碑而成其行书，进而是草书并融化为一了；三是如洛阳龙门可见的北宋陈抟的联语，由《石门铭》来，所取单一但气魄宏大、后人难及，康有为亦写此联，笔势流畅然不及其神气，其学生萧娴字笔画单调，他们都有构型局促之嫌。

很多墨迹都有浓郁的文人气息，看起来舒服，想象上温馨，但不可过熟，"熟"了就要当心"俗"。有人认为帖学是正宗，有一定道理，秀美至少是基本美感的一种。篆、隶、正、草各体内都可"出新"，既可以是关于差别很大的各体的面目，也可以是对各体内不同发展阶段作品的认识，比如祝嘉的"用写大篆的方法写小篆"，西汉汉简与东汉碑刻隶书的结构互参，北碑与唐碑的正书线条的融合，章草与草隶的一体等。

最高境界是草书，主动的揣摩、脱俗的立意于结果有必然的影响。从张芝的超旷，王羲之的雅逸，孙过庭的规畅，张旭的奔放，怀素的狂肆，杨凝式的温婉，黄庭坚的恣劲，八大的奇峻，沈寐叟的厚拙，于右任的清润，灿烂夺目，显出其与人类精神追求与审美境界相谐的表现内涵与视觉特质。那都是书法素养的综合体现，如孙过庭早《书谱》中指出："伯英不真，而点画狼藉；元常不草，使转纵横。自兹己降，不能兼善者，有所不逮，非专精也。虽篆隶草章，工用多变，济成厥美，各有攸宜。"

书法源自象形文字，即"师造化"，又表达内心感受，所谓"散诸怀抱"。有一天笔者在书房望着窗外想着一副对联，忽见一毛毯类物飘落，很少有那样注视窗外的情景，更无如此观感：该物快速而轻柔地落在树枝上，伴随晃动的树冠驻留在空间背景中，映像到书法线条是没有犹豫的自然之"势"，如果在下落过程中被枪击或被绳线拽离其本来轨迹，当生别扭之感；其止则受外部阻力作用，移到书法则是由内心而至笔端的控制或者表达；晃动则是鲜活效果及由此而来的想象空间。书法线条，当求自然的直，未必要"笔直"，如林散之对联"笔从曲处还求直，意入圆时更觉方"。那是自然呈现与情感表达的统一，是动静等对立关系的协调。

数月后笔者上班等公交车时，一白鹅（是否此称呼笔者无把握）映入眼帘，只见其贴近水面快速而轻松前行，然后稳落水岸，悠闲张望，突然振翅高飞，直到消失在视线中。书法的运笔也应那样自在、从容，与水面基本平行但不生硬，落笔干净利索，不拖泥带水，起笔则迅猛、果断、势不可挡。

清刘熙载在其《艺概》中云书法创作当合"清厚"两字，极为概炼。然而，只"清"，也许会失之于面目单一或气息靡弱，要用"润"来生动、丰富之，就如同一个人"眉清目秀"之外最好还要"气色红润"那样的自然美感。仅求"厚"，既可能"滞"也可能"木"，"浑"则天然、淳朴，如同一个人高大魁梧之外最好还自然挺拔，所以"清润浑厚"更为贵，就像运动员有肌肉且四肢皆壮，还要生龙活虎，然后才可能有灵动的身影、矫健的身姿。这是审美视角。就创作言，当努力用笔疾而勿滑，涩而勿滞；线条厚而勿臃，清而勿浮，浑而勿粗，润而勿嫩；结构宽而勿松，应而勿促；由此变而勿怪、承而有新。

以人为例，通常是所谓的漂亮，如五官端正、比例协调、样貌生动，那是基本的，并不全面也非最重要，气色（肤色）、条贯（身材）同样重要，它们都是直接的视觉印象。比如肤色要自然、有活力而非一味白，而匀称以外的高挑、丰满与否，映衬着气度、风神，尽管小家碧玉亦是美，然而最具感染力和表现力的草书当不会归于此。进一步，则是修养、气质等内涵。由此孕育出独特的味道、格调和境界。

书法比其他艺术容易上手，业余或退休后的学习者多，由此可言容易，仅就努力入门而言，此说合乎实际情况，然而历史上留名至今的书法家，没听说有后来"半路出家"的，或者说，没有年轻时打下基础并持续摸索，年纪大后忽然成就书法事业者尚未曾听说，这与书法艺术需要长期经验积累的特点密切相关，而于其他学科，从一处转到另外一个差距显著的领域依然成就斐然者时有所闻——因两者间往往有某些共同基础。

有人认为唐代最大的草书家张旭作为技巧成熟的书法家，其终极目的还是写字，而禅僧已超越了这个阶段，比如有人所写不合草法，是他们不在乎小节。此言恰当不？还以唐代"颠张狂素"的另一位，即怀素为例，其《自叙帖》被认为是中国历代草书及僧人书法的高峰，虽欠规范但笔法精良，而他自己食肉近俗，已不合禅僧之格了。

有的前辈一生局于一处，照样有特色，但就更宏观的视野观之，局限性显然。个人面目的形成也许可以归纳一些必要条件，充分性难有定论。

书圣王羲之的《兰亭序》中的二十个"之"字各不相同，是创作本质的体现，也是自然的面目。而这种创作同样应当避免仅仅为了追求有所变化而忽略审美要求或失去美学意义。有人强调王羲之过后写不出那样水准了——其实本来如此，一流作品估计皆然。

创新的最终目的是时代特色和个人气息的融合，那都是在前人成就基础上的发挥或变化。为创新而"创新"背离审美活动作为社会实践的一部分的延续性、社会性。这等道理不是可通过推理，而是由人们的经验、社会认知可得出的结论。

婴儿经过一定训练，会走路了，可是路径曲曲歪歪，对他而言是变化和进步；而对于成人，那足迹本身并无意义，既不值得效仿，也无里程碑性质。有生命力的作品不是再现传统而是成为后人参考的"传统"，从而在社会进步、历史演化和生活嬗变中展现其艺术功用、美学意义和文化价值。书法创作当"形神合一"。"形"指线条、结构，是基础也是第一印象；"神"指精神、意境，是直观面目和生命律动；"合"指融汇各家、有机组合而不囿于一篇数人；"一"指面目独特、风格独立从而地位独步。

> 只眼须凭自主张，纷纷艺苑漫雌黄。
>
> 矮人看戏何曾见，都是随人说短长。
>
> ——赵翼《论诗·其二》

4.5 章草启后

隶书是汉代最具代表性的字体，故有"汉隶"之说，或用笔纵逸，结构开张，或方正劲健、内敛厚重，丰富多姿，难尽其貌。《郙阁颂》作为著名的"汉三颂"之一，浑朴稚拙、天趣盎然，是东汉众多隶书名碑中的佼佼者。其横画"蚕头燕尾"更多的是形蕴于意，这与章草的笔法颇为吻合，此间关联长时期未被重视。

章草与隶书是两种书体，但两者的发展史交替而互参。常见"隶草""草隶"之说，多不加分辨，其实是不同的概念，尽管意有所近。"隶草"，指隶书的草写，是从章草之所由产生的角度言之，但不及章草规范，也更为宽泛些。章草的"隶意"，不限于"燕尾"，点、横、收笔、转折甚至起笔均可有表现。"草隶"可指草写的隶书，也可指篆书的草写（或者说古隶），即隶书之初的形态，一是"草率"，一是"初步"，为与章草本身有所别，以"初步"为宜。

章草也成于汉代,汉代前后诸书当为章草之良好参照,其起始与汉简在时间上几乎重合,简牍时代的章草当是章草的源头。汉简可细分为隶书、行书和草书,其中的草书可大致类同于章草,有些字"草率"的程度也相当,不过只是汉简中的一部分,然而可谓是章草学习的一片广阔天地,比如草隶《神乌傅》处在由隶书向草书变化的源头,用笔精熟,点画生动,墨法秀润,宽博流畅,《仓颉篇》则介乎篆、隶,颇为难得,秦简亦然。经典的《出师颂》为隋代一佚名贤达以章草书写的东汉史孝山的颂文,显现出章草在向今草过渡期间的形态,结体谨严,书风规整,劲健飞动,飘逸典雅。此外《月仪帖》《急就章》,以及《平复帖》《秋凉平善帖》等为章草代表性作品。章草还现见于传统的帖及砖文。

　　章草线条厚畅,笔画率意,结构舒展,古雅生动,字字独立,近行书,是草书中的"正书",是成熟的草书(今草)前的一种字体。比如《十七帖》是王羲之的代表作,也是今草的经典,同时,它与规范的章草在结构上几乎一致,因而,它可以是章草与今草的桥梁,也可以是章草的一种表达方式。而章草变为今草,减少横笔的波势,加强直笔的垂势,把转折、竖、挑、撇、捺变为环转,书写时上下牵连,或借上字之终而为下字之始,脱离了隶书的痕迹,是书法各体的综合呈现和非凡境界。

　　章草之名的起源莫衷一是,有的说是当时用于奏章,有的说是出自西汉史游的《急就章》,也有的说是东汉章帝所爱。这些人只是集成者,社会的需要、更多人的参与是基本推动力量。由"章"字来看,有章法、法度之意。

　　汉代章草流行于医方、军事文书等中,还有一部分源自篆隶,笔画简直,并不成熟,数量也不多,如"平复帖""济白帖"和简牍中的一些字,线条迟涩,结字灵动。章草的范围似乎不一而足,后来的赵孟頫、宋克等多以此为宗,用笔趋于成熟而结字追求精美,有时候看起来似乎与行楷无异。

　　章草在成熟过程中与时隔不久的三国、两晋书法相辅相成,章草可以说是这些书体的汇聚,这些书体也或多或少,或明或暗地体现或辉映着章草。比如《爨宝子碑》立于西晋年间,正书而带有明显的隶书笔意,尤其是特征突出、张力感强的横画,与章草似乎有着不解之缘。至东晋,行书、正书、草书全面成熟,隶书及章草逐渐被取代。

　　章草后不多见,可谓一朵奇葩然习者少。沈曾植的拙,直抒胸臆;王世镗的厚,笔有波澜;祝嘉的辣,意味深长;王蘧常的劲,圆浑曲折。似乎那是未被足够重视的天地,后人当于此获得更多启示与借鉴。

> 霁天欲晓未明间,满目奇峰总可观。
>
> 却有一峰忽然长,方知不动是真山。

——杨万里《晓行望云山》

4.6　欣赏之余

常有诗、书、画、印"四绝"之说,怎样才"绝"? 就如俗话说上知天文、下知地理,"知"到什么程度? 比如我们从小都读一些古诗词,有的较为熟悉,但那都是古人筛选过的,若我们自己选就难以着手,原因在于既缺少实践、体会,又没有很好地阅读、理解诗词文论。只有长期熏陶才有可能进入"自由王国"。再如作诗,有一定量的尝试和体验后方有可能出名篇,通常"抒怀"只能算是兴趣爱好,达到何等程度才能算数? 未必要如于右任、柳亚子,当在专业范畴(比如入"诗人"之列)比较。

某日在旧书店见一笔者以前并非在意的已故名家书王维五律《山居秋暝》诗印刷品,因尺幅较大、日常难得一见,便要了,卷着放书房一角,也许很快遗忘。不少天后找书顺手打开,读着熟悉的诗句,王维诗中有画、情景交融之意跃然眼前,忍不住默读再三。生动的风光,安逸的情致,和谐的构思,闲活的意境,感受尤切。数十年阅读,多为浮光掠影、浅尝辄止,没养成良好的品位、赏析习惯。另一方面,阅读理解需要经历的积累、思绪的碰撞、体悟的提升。疫情期间不便外出,多次念及自然景致的引人以及身临其境的感受。所得那纸,也算是一点意外收获,当时带回没想到会有如此作用。

此事可引出另一话题,即近人作品是否可学可参。很多名家强调勿学其作而应上追古人,因为古代经典丰富,他们也由古代经典而来。此意清晰无误,但若无睹他们的作品岂不意味着他们一无是处? 显然矛盾。应当避免的是企图走捷径而本末倒置,就如忽视主食而专用零食;他们最多是百家中的一家,而且不能忽视这一家是由那百家来的;尤其重要的是,不能陷入其中依葫芦画瓢,即便一模一样也失去了艺术丰富性、独特性,况且还没见过只学一家而超过那家的。同样功夫转益多师当是别样境况、何乐不为!

与创作对应的审美活动是欣赏,在此过程中,逐步会觉得原来不感兴趣的作品，随着认识的积累也可接受甚至认可了，这一方面是个人修养的进步，从而可以更宽容的视野对待琳琅满目的作品；另一方面则是体会到创作者有时超越不了困难或高峰，只能退而求其次、不得已而为之——不是作者不知道，而是并非所有要素都可掌控。不少书家的作品并非越老越佳也是一证。

书画于普通百姓更平常的作用是欣赏之外的"补壁"，此举就如书画作品的空白处往往会盖印，理念上无可厚非，而实际上有部分情况显然近乎杯水车薪，那与中医之宏观、整体所反映出的笼统甚至含糊性类似。印章到底能多大程度"补"空，其位置恰当否，其含义对应否，皆难以细究。

一般以为，写生是绘画基本功和创作素材获取途径，有次笔者问一位画家是否还常外出写生，他意那非必需，可能这位画家想以此说明其某种做法。还听说有些画家到景点拍些照片、回去参考，初听新奇，细想不同：面对实景，可有灵感甚至思维万千，照片可借以联想，感触则隔了一层，且平面与立体视觉感受是不同的。

绘画中，一般而言复杂的难驾驭，能画简洁风格者未必能画复杂风格作品，反之亦然（即便画艺精，不见得寥寥几笔即可传神）。有人说李可染的"红色"题材作品与当时的政治意识形态有关但没那么密切。其实，深入生活也好，所谓"笔墨当随时代"也罢，反映时代既是艺术家的使命也是创作源泉，根本的是技法、构思和表现，他的《万山红遍》一直受到追捧。

有人说书法创作要写自作诗词，从强调创意出发无可厚非，但从书法本身看就难明其意了。书法首先着眼书写，所谓与内容统一更好，什么是恰当的内容？自然是最能达意者，因此，取舍原则并非自己与他人的不同，而是内容的高低。就如学习书法取古人数不清的作品中的佳作学习一样。反之，写自己的文字也行，然而哪个更合不同对象与场景是需要考虑的。曾听人说有人的画即便内容是马桶也一样高，又对有的书作内容因是某人的诗词就感觉不舒服，尽管前后矛盾，但关注作品本身不错。

曾见一段文字：作者问一个书法家对鲁迅的书法如何看，那位反问鲁迅懂书法吗？该作者觉得哑口无言，他感叹竟然无知到了如此地步。鲁迅是公认的一流书法家①。有人希望对"中国文化的核心是书法"做些解释或说

---

① 据许广平的《鲁迅回忆录》，鲁迅曾有计划写《中国字体变迁史》。

明，接着有人认为，先别管其他，说说这话本身对不？笔者由此想到，这问题的"核心"首先是弄清"核心"的含义：

第一，得是历史上长时间存在的文化现象；

第二，应是精神生活的主要方面并普遍影响现实状态；

第三，要发挥了更大或起了纲举目张作用的思想积淀。

于是，书法难以"跻身"其列。这里不是讨论该话题的答案，而是指凡事先要弄清其基本含义及其各方面影响。康有为将书法视为雕虫小技，大家的理解估计深浅不一，只有有了逐步的、切实的体会，才能从人的立意是有高远低近之别的背景出发，回过头来逐渐明白。曾见《进入狂草》一书，那是作者的长期体会与具体分析，颇具启发意义。多数书法人"进"不了，能成为书法其他某体的专家也不易，他们都可以交流最有心得的感悟，但若试图"四面出击"，难免出"洋相"。

曾见书上一风云人物表示，当下创作内容多是雷同的古诗词，因此，比如他的作品数百年后别人完全可能无法区分其与明代书法的区别。若不理解明代书法的特色，则与其"学术"地位颇不相称；否则，似乎是自大了。再比如其言对院士级科学家谈初等数学规定是"无知或愚蠢的"，殊不知假如某大家确实犯了初等错误，依然是贻笑大方的。其作品估计就在书法史里了，无论影响、比重多大，更多人只见前人的记载而不清楚本质是非。

书画的意境都是审美范畴的，而创作者的境界则可超越此意。比如郑板桥的"六分半书"颇有新意，但书法本身价值并非一流，可是他有《潍县署中画竹》题画诗：

> 衙斋卧听萧萧竹，疑是民间疾苦声。
> 些小吾曹州县吏，一枝一叶总关情。

田家英是清代学者书法收藏大家，几无人能过，他有诗：

> 十年京兆一书生，爱书爱字不爱名；
> 一饭膏粱颇不薄，惭愧万家百姓心。

那是很多名家、大师不及的。有次笔者在一家久未去过的书店见有一沈曾植书法专集，翻了一下，内容和印刷均粗糙，但不少内容没见过，就买下了。第二天晚上浏览了一遍，总的感觉是面目缺乏沈氏独有的爽劲、气势，用笔生硬草率，结构牵强，尤其转折处多露破绽，失望之余想到即使大家的创作水平也是参差不齐，精品毕竟是不多的，就放到一边。隔天早餐后、上班前又特意翻了几分钟，自然光下确认那是一本掺杂了不少伪作的集子，联想到拍卖行拍品真假不保甚至有人专门印刷真假混杂的作品集。但那书编者是否有意不得而知，也许眼力不够随便找了一些图片，为了盈利而不顾误人子弟的后果了。那书是从古至今著名书法家的系列作品集中的一种，一般读者难明其实。

笔者曾在古玩市场见一老者处若干篆书作品，觉得尚可，也没有漏字。临走购了两件，回后发现其中一件多了一个字。回想当时情景，两件同样内容的作品字数差一，笔者想当然以为字多者就是此前看过的，因为通常是漏字、字少者当缺字。其实错了，那是多写了一个字又标识为衍字的。还曾购得网上无意间看到日本书作、禅宗临济宗创始人义玄法师句"无事是贵人"，据云此处"无事"乃自然、本分，《心经》所谓无挂碍，而非不做事、无所事事之意，与道家"无为"有相通处。禅宗强调不立文字，然非用语言说明难以理解，此"无事"亦非解释不可。同时所得是孟浩然诗句"平生一片心"，卖家似以对联外售，其实除了字数一样，其他均不合对联要求。

有一位书法专业研究生在读期间举办展览，临碑功底显然，也有一定个人面目。隔十多年后又见其作品，线条益干，结构有夸张之嫌，总体上与那次展览作品比不说退步也似无深入。另一位年长者年轻时面目非同一般，后来由于工作等原因"搁笔"良久，休息后重拾，其起点、眼界无疑高出众人，然而看起来似乎未超越年轻时作。为何如此现状难陈其故，也许有理念的差异、认识的改变等原因，可以是认知科学的一个研究话题。反观多少没有中断过的"书法家"作品之未必佳，似乎情况多少可以理解了。

人们观赏文学艺术，有的浮光掠影、走马观花，有的驻足再三、一唱三叹。若熟悉或记得，则更可能产生共鸣甚至身临其境，假如自身有体验、实践，则审美感受与认识会大异其趣，或游刃有余或入木三分，多数人没有时间或兴致实践，则只能多看几遍方有收获。比如读文学名篇，情绪感化、思想激荡的移情作用多在品味、再三阅读之后，散文如先秦庄子《逍遥游》的汪洋恣肆、苏轼《赤壁赋》的怡然潇洒、北宋范仲淹《岳阳楼记》的博大旷远、南宋文天祥《正气歌》的千古英怀、民国梁启超《少年中国说》的酣畅奔放，诗词如东汉曹操《观沧海》和《龟虽寿》壮阔豪迈、唐白居易《忆江南三首》浩荡唯美、北宋范仲淹《渔家傲·秋思》萧瑟苍凉、南宋辛弃疾《永遇乐·京口北固亭怀古》义重情切、民国李叔同《送别》缱绻悠远,不一而足。

　　　　雨里孤村雪里山,看时容易画时难。
　　　　早知不入时人眼,多买朱砂画牡丹。

——李唐《题画》

 4.7　装裱纸墨

　　有次笔者重新送裱一数十年前裱过的书法作品,店主建议拍照留样。取回后由前后照片对照发现落款一字连接处有明显异样,不同友人看后说了可能的不同原因,莫衷一是,于是笔者将此与同一作者的其他作品作比对,包括印章本身特征如色泽感、均匀性、厚薄度,文字墨色深浅,同年代其他作品纸的细节,以及作品本身的表达,与"高仿品"直观的不同等,均没发现破绽。一件意外而有趣的事情,是增加经验的过程。除非曾拍下大量原裱细节,否则只能到此为止。

　　此前一次装裱的工作量不大但要求有点特殊,一位裱工介绍笔者找他的师傅。过去后知是 80 岁的老人,身体不错,说曾修复过董其昌的作品。笔者窃喜找到一位经验丰富者。本想先试一幅,考虑到来来回回颇费时间,三件都放那儿了。可惜拿到的成品没有一件没问题。一件先要揭开原托,所嵌的色条边头明显不齐,老师傅说,哦,眼睛不好、有办法,实际上没弄好;第二件是托后装框,需要拼接,但连接处没有对准,并且有一厘米多的范围很毛糙,这似乎是基本功问题(即便他请学徒做也不该交出这样的活),他说要齐的话也能做到的;第三件也是托后拟装框的,但左右边宽度一看就不等,差了不少。面对这样的情况,估计基本水准大概就是如此,再说是老人家了,不必多言,按他说的价格付款示谢后便离去,老师傅则客气地说下次再去,说"看你人好",其实笔者一共没说几句话。不是越老越佳,老而经验佳者才真好。

　　有次笔者拟将已装裱书法作品上后加字去掉,通常可由"揭裱"等过程实现,问了两位师傅,一位建议自己通过湿化相应部分用手指逐步"卷"掉,并说那与他们搞一样的,另一位认为只有揭裱才成。由于揭裱难免有损作品,于是笔者试着按照前一位的建议办,在名家作品上"动手",以前想都不敢想。实践以后有两点体会，一是无论如何都会影响原来作品的视觉感受和背后品相（因为是去掉了一部分，而且没法平整化），二是自己动手实是好老师，它让人理解事情本质。

装裱和书写都要用毛笔，依蔡邕"惟笔软则奇怪生矣"，临创时羊毫笔为首选，墨与砚台的功用多数情况下都由墨汁替代。墨汁本可淡点以便直接书写，实际上多数较浓。后来听说用墨汁要镶水，于是就这么用，其实水占多少比例没个准。再后来知干笔用前先要浸一下水，似有道理，也许蘸水可使每次书写持续久些，从而减少频繁中断。

纸在创作中的地位十分重要，可见不少所谓的评价标准，虽然文字明了然而难以把握，笔者问过若干书家皆语焉不详，唯有体验才能逐步认识，直接书写是最佳途径，书写以外，只得靠触觉、视觉、听觉等的综合。手摸可辨正反面，此外是厚薄度、粗糙感、柔绵性等，眼观可知是否过白、纹理如何、云絮影多少，晃动纸后所出声音则有是否清脆、刺耳（笔者觉得很难分辨）。细节也算是一种隐性知识了。

以前根本不会想到宣纸会有假，后来商品秩序逐步失控，假冒伪劣品泛滥，于是出现了新名词"书画纸"以区别于宣纸，这种做法本身说明业界有人想"拨乱反正"，是不得已之举，只是诸多消费者不明底里。现在，不少地方堂而皇之将书画纸混标为"宣纸"，新造的"书画纸"概念大概也可靠边站了。

> 书当快意读易尽，客有可人期不来。
> 世事相违每如此，好怀百岁几回开。
>
> ——陈师道《绝句》

4.8　理论精化

回想起 20 世纪 70 年代末 80 年代初笔者往时，书法资料稀少，书法理论方面笔者出于兴趣主要是走马观花似地翻阅《书法》《书法研究》杂志，知晓了一些基本知识，后来在旧书店一眼看到这些杂志的封面或封底，哪怕是部分亦会即刻联想起中学时代的记忆。《历代书法论文选》（上、下册）在上海书画出版社出版后笔者即购得，先后翻阅两遍，没有深入理解也缺乏体会，后来还有《续编》，有的篇章读过多回。它们和祝嘉的《书学论集》及各出版社重印的其1949年前出的著作是笔者学习书法理论的主要资料。再后来购河北美术出版社出版的《书学集成》（上、中、下三册），内容与《历代书法论文选》类似，先是看了以前未见的，后来又整个翻阅一回。在有些认识与观念的前提下觉得，尤其若针对创作这一目标，这类资料少看、不看也罢；另一方面，更多内容需要有一定程度的实践和反思后才能较为有效地理解，在逐步体会前人的"显性知识"后自己可或多或少地有些"隐性知识"。

比如，有的讲字体变化或书法源流，前后相互重复多，可参阅祝嘉的《书学史》，尽管现在看来，该著史料不足，这本受特定时代限制，而其体例是便于了解脉络的；有的讲执笔与运笔，莫衷一是，比如"永字八法"，概括不可谓不精，然而有些内容难免烦琐，后人学书不知有多少是依其"法"而行的；有的介绍历代碑帖，尽其所详，很多现代不见也非一流水准，比如不少丛帖，内容交替，失真又多。不少内容讲得玄虚，表达感想以至锻炼描写未尝不可，其中华丽篇章则不能不提孙过庭《书谱》及姜夔《继书谱》；在包世臣《艺舟双楫》基础上康有为的《广艺舟双楫》，尽管只是"广"书法，与刘熙载《艺概》反其道而行之，然而作者所见广博、思维激昂、眼界超凡、意念卓越，言前人之未述，启后学之既惑，成中国古代书学之殿军。

由于时代久远，那些文字所承载的学术意义与研究价值不能以如今的标准衡量，而那些作者也无现代人的浮躁与异化，所谓论文的创新意义与历史价值到底会是如何情状由此可见一斑，能流传的有限，于后人长久有启发意义者更是少数。如孙过庭《书谱》云："或重述旧章，了不殊于既往；或苟兴新说，竟无益于将来。"后人不能苛求前人，然而应当主动承担起对更后人的责任。杨钧在《草堂之灵》的"慎题"中指出，山水画见之皆知其为何，不必题诗。"故画工而诗书未工者，以不污画为得计也。"此之谓乎！

除了书法执笔、运笔、临摹之外，这些古代文献中尚有不少其他新颖观念，比如康有为在其《广艺舟双楫·原书第一》甚至认为："综而论之，书学与治法，势变略同。"书法之"法"与他"法"有相通之处，不限于书法本身。梁巘说《金刚经》的空洞等（《承晋斋积闻录·杂论》）。其中辩证思维颇具启发意义，那是一对对对立统一体，既是难明的思维感受，更立重要的提升目标，若能处理好这些关系，书法当能更上层楼。

《祝嘉书论选集》内容框架①。

第一　临书丛谈

说明：在"小引"相关说明文字后加注；在第 4 篇"临书丛谈"所谈章草部分插入后来写的"谈章草"以完善相关论述；第 5 篇"悬臂轮"用"全身力到论"取代，原因见"小引"。

- 楷法初步
- 谈行书
- 论字的结构
- 临书丛谈
- 全身力到论，还要谈全身力到

第二　历代书学

说明：在出版《书学史》后，作者曾考虑断代分述，并有《汉代书学及汉碑》《六朝的书学》。汉代已出现书法各体，并具承先启后之机，此处选：

- 《汉代书学及汉碑》中的"汉代书法"（同时可以作为《临书丛谈》中相关内容的补充）；
- 《六朝的书学》中的"结论"。

第三　古论疏证

说明：为了便于年轻人阅读和理解，作者对古代书论逐篇疏证，并留下大量按语，有的是注释，有的说明具体史实，有的则是批评意见，是其书学理论的补充或观点强调，精要之论时现。

- 朱和羹《临池心解》按语尤其丰富，依原篇全录；
- 其余部分以与本选集其他诸篇内容互补为摘录原则②。

---

① 《祝嘉书学论著全集》一书有些遗憾：第一，编校：除标点、文字之误外，有的文字与相应图不在同页，又缺说明文字（如见图几），书作、文字有重复；"嘉按"形式未统一，诸如《石门》《石门颂》之类并存。第二，审读：比如《兰亭序》之"之"有时二十有时二十一个，不一致；《十七帖》《书谱》为狂草、鲁迅书法为草书之说不妥，而"武汉碑林"宜为"黄鹤楼碑林"、《古柏行》非颜作。第三，内容：不少篇幅是前人文字，诗词、书信等与书法无关内容似宜入附录；对所有著作有个脉络梳理和结构分类为好，指出哪些有重叠、什么是重点、何处不可缺（代表性）。或许有一本《选集》更好。

② 比如，写字贵在气贯，气满则茂密，气与笔力惊绝相关，同时还需要生龙活虎，不出于法度之外而千变万化，最后弃其形而存其神，臻于天然；要努力无笔不断，方笔字圆写，圆笔字方写，即便瘦也要有血、瘦而不薄；艺术可以表现性格、修养，没有俗气自然有清超气；写楷书若不知草法字不会生动，反之不能沉着，草书要飞舞、灵活而最忌直滑；学要博，上不知源、下不逐流则写不好字，成熟之后可以创造但不能太好奇、失于怪。

第四 宁拙毋巧

说明：作者被誉为 20 世纪最重要的碑学大家，然而他于碑、帖并无偏颇，论碑良多，眼界则超越碑本身，尊碑而不薄任何其他有价值内容，比如临习《兰亭序》千遍，特别欣赏其章法及其气韵贯通、一气呵成。一个切实下硬功夫者形象在世人面前栩栩如生，书如其人而人书俱老。随着了解的深入，读者当能感受到一个生动丰满、高瞻远瞩的奋斗者和教育家形象。

- 怎样学《兰亭序》
- 论书法中的"疾涩"
- 谈四宁四勿
- 碑学与帖学
- 论书十二绝句

第五 书里字外

说明：在作者的文字中，时现发自内心的唯物史观和辩证思维，思想与言论、理论与实践、知识与行动在那里和谐地统一于其身，尤为难能可贵。

- 书法是劳动人民创造的
- 学书自述
- 我在书法上的实践
- 学书的次序
- 谈书外功夫
- 书法上的推陈出新问题

后记

祝嘉先生著述多半束之高阁，直到老人逝去 20 多年后，《祝嘉书学论著全集》在国家出版基金资助下问世，那是一位理论权威、实践勇士不断修正和完善的思想轨迹与生命历程。在惶惶八卷面前，想来很多读者一下子不便领会主旨、抓住要领。祝嘉先生则言，前著有的结论后来看来并不正确，有的是文言文或文、白相间，有的则有了更深入的看法，因此有不少主题重叠的后著。本编选择原则如下：

第一，概要呈现祝嘉先生独特书学理论；

第二，若有多次谈及的话题取后来或完整的内容；

第三，与书法学习的基本方法并非直接相关者不在此列。

祝嘉先生在其《〈书概〉疏证·小引》中谦逊而坚定地说："我是一个碌碌

无所长的人，而只有好书法的癖，也可以说是我短中的寸长，即无所长，以贡献于祖国、于人民，想竭其绵薄，也只有书法这一点点了。"那是何等的谦虚、又是如此的自信！祝嘉先生眼界开阔、思维开放，指出后来总比以前有发展、更丰富，同时观念辩证、胸怀远大："所以临书，取和自己的书体，离得远的更好。凡事要它进步快，就要大大改革，没有大改革，就没有大进步，苟且因循，虽然努力也做不出什么来。"（《书法三要》）

结合自己的肤浅认识、学习古代书论并读《祝嘉书学论著全集》，笔者梳理出此提纲，要旨是取精用宏、有效方法、全面训练、字外功夫和眼界熏陶。其中方法是首要的，为何同样方法在不同学习者那里会导致不同表现？除了方法本身的掌握需要一定的认识和实践过程外，自我的定力、外部的影响施以颇大影响。就如当今社会，选择多元，改行者众，未必按原来方法做不好，而是"另辟蹊径"了。

本选编的初衷是让读者尽可能方便地了解祝嘉先生的思想精髓，同时也希望在尽可能大的范围里延续其言行。

少耽八法慕前贤，到老无成负此身。

徒托空言谈著述，不如一笔能通神。

——祝嘉《九十初度书怀·其四》

附录 5 第 一 版 后 记

曾经有一个名为"基于经验的认知"的"香山科学会议"的预告,"夏商周断代工程"首席科学家、当时已到清华大学工作的李学勤先生是发起人之一。后来笔者打电话请益,李先生告知当年读的是清华大学哲学系,学逻辑,金岳霖先生是其老师①,这样的背景对认知科学有兴趣是自然的。那个会议后来没见召开。其实笔者在生活中常常由于忽略经验而面临不便,譬如不愿多带一块电池板或携带一个充电器,因移动电话没电而耽误事情或浪费时间。日常生活经验当然不同于专业领域经验,对待经验的态度则可能有共同之处。就笔者的程序设计背景而言,从汇编语言到高级语言,从用户界面到核心算法,曾经夜以继日甚至通宵达旦,但终究没有像医生专家那样拥有足够的专业领域经验而渐行渐远。

如今,笔者踏上工作岗位已近 30 个年头,从事的研发工作,有的仅是实验室的演示,有的纵然在企业中实施也未能走上产业化之路。10 余年来我们课题组的心血管系统体征感知与症状分析工作可能差强人意,其中与诊断准确性有关的因素包括医生诊断思维过程的建模和大量实际数据的获取及其特征标注,前者与演算过程、诊断规则有关,我们的诊断机制应该符合医学专家的思维特点;后者和问题分析、临床需求相连,没有丰富的实际数据用于训练和测试,就没法发现差错所在并寻根溯源。计算机书法创作建模与自身的经验和体会直接有关,但停留在了演示阶段,在学习、实践的同时花费了资源而没有更多"输出",不免内疚、惭愧。不过,我们的研究,关注形象思维与抽象思维模拟相结合、人机结合,核心是隐性知识挖掘和整体思维模拟,本身算是一点经验,就与一些同道的交流言,于读者会有不同程度

---

① 笔者曾买过金岳霖的《知识论》,因专家系统也谈知识。《知识论》所谈的知识与作为工程技术的"知识工程"不在同一层面,笔者未能下决心阅读,后来将其给了一位哲学专业的研究生。有一次听金先生的另一弟子冯契先生的一位再传弟子、哲学教授云,其导师有一两万册书(具体是几万没记得),笔者说是藏书,读的书没那么多吧。即使将参考、临时有用才翻阅的书包含在读的书中算上,估计还有不少是于其没有用或长期未读的。人的经验也类似,许多其实没用,笔者感兴趣的是在专业领域派上用场的经验。

的启发。

也许是工作经历的缘故,使得笔者相对容易接受王阳明的知行合一阐述、马克思主义经典作家的抓主要矛盾、重视矛盾的主要方面的理论,这些思想给予了笔者信心和勇气。拙著所述"心迹"的计算是联系人工智能技术和现实应用的载体,其中思维过程模拟是主要矛盾,而隐性知识的形式化和整体思维过程的刻画则是矛盾的主要方面,笔者作如是观。此前的小册子《人工智能哲学》出版约半年后,据出版社库存统计那时已销 3 000 册中的大概 60%,这个比例令笔者有点惊讶。后来,科学出版社的信息、数理、技术等分社分别有编辑约稿。笔者曾考虑将拙著内容加入后出版《人工智能哲学》第二版,那将是改进不足、完善认识的机会。不过在差不多同时的 2012 年 4 月底,笔者收到时任中山大学哲学系朱菁教授的邮件,其拟在报纸上推荐拙著《人工智能哲学》的理由如下:

作者思维活跃、涉猎广泛,虽缺少严格的哲学思维训练,对当代专业哲学的术语和论证方式显得有些生疏,甚至在讨论中不时落入简单套用"辩证法"和"辩证思维"的窠臼,但也因此少了许多思想上的羁绊与俗套,多了几分天马行空和不拘一格的灵动,文笔清新流畅、亲切自然。

笔者颇意外,即回复朱老师。其过奖让笔者汗颜,其指正令笔者反思。朱老师本科毕业于中国科学技术大学计算机系,后为哲学领域的教育部"长江学者奖励计划"之特聘教授,平时话语不多,关于人工智能哲学,无论视野还是基础均颇有话语权。

两年多以后,2014 年江苏书展期间,笔者在书店偶然发现复旦大学徐英瑾教授的著作《心智、语言和机器——维特根斯坦哲学和人工智能科学的对话》,这是一个正宗的哲学研究者的哲学思考和探索,不幸的是在书架上该著被归在计算机的"语言"类中,就像此前不久笔者见一本"认知神经科学"著作与医学的神经外科等书籍为伴类似。拙作《人工智能哲学》又被一位专业哲学研究者评及,惭愧有加,当然同样十分感谢。徐教授年轻而有学者风范,思维活跃,与朱教授一样,我们相识于一年一度的"心灵与机器"研讨会上。徐教授所指类似问题是:"董著所引的哲学思想资源,则更多地带有辩证唯物主义的遗迹。""带有"是客气之说,辩证唯物主义作为与分析哲学等一样的一个学科方向,至少也是一家之言,有机会当重读经典、系统学习。2016 年,在王飞跃教授牵头的人工智能主题的"听道"讲坛,组织者购买了一些讲者的书籍送给听众,王老师说《人工智能哲学》中国味太浓,笔者即说是的,按照李泽厚先生的说法,哲学是西方的,中国有的只是思想,与哲学本来的含义并不一致。王老师说是的。那时笔者才想到,谈哲学,得纳入经典的哲学话语体系,中国文化的思想及其给人工智能带来的影响,未必适合在冠以哲学的主题下讨论。

拙著成稿后,笔者翻阅《钱学森思维科学思想》(卢明森编)。其中有钱学森先生谈到的一件事,说收到过名为《人工智能与认识论问题》的书后,他回复说:是本人工智能的入门书,挺好的,但提到认识论,那根本说不上。想到自己在十余年前也执笔过类似题目的文章,越到后来越觉得所谈太粗浅。钱先生所言极是。

因此,尽管顾准说"方法论就是哲学"[①],"人工智能哲学"话题过大,再以此题为名"胡言乱语"将更多地贻笑大方,于是有了如今题目,遗憾的是在这同时修改《人工智能哲学》的计划落空了。不过,拙著可以作为《人工智能哲学》的姊妹篇:那关于思想方法(尽管粗陋),这关乎技术理念。

拙著背后是笔者课题组在心电图分析和书法创作模拟方向上的研究生的实践与经验积累的过程。毕业于中国科技大学计算机系的朱洪海选择到华东师范大学攻读硕士学位研究生,后到中国科学院苏州纳米技术与纳米仿生研究所攻读博士学位,他在研发上的成果几乎与我们的心电图工作同步。硕士生詹聪明在其实习阶段的心电图主波识别工作是我们该方向研究的开始。硕士生徐淼最早针对形态特征识别做了尝试,他的隶书笔画变形模型则是我们书法创作模拟工作的开端,是后来博士生张显俊及硕士生杨志军、赵琪、薛环振工作的基础。徐淼毕业后去美国攻读并获得博士学位,他所在学校的王松教授在给笔者的邮件中提到,徐淼是他在美国碰到的最优秀的学生之一。此言不为过,徐淼当年从华东师范大学数学系转到当时新成立的软件学院,此后又以名列前茅的成绩被保送攻读硕士学位研究生,无论专业基础还是科研作风都稳实。博士生王丽苹、张嘉伟、胡晓娟、周飞燕与硕士生童佳斐、朱侃杰、沈蜜、朱江超、李慧慧等分别从不同角度进行了有意义的尝试、实验、交流和分析。中国科学院苏州纳米技术与纳米仿生研究所的博士生金林鹏在朱洪海及硕士生张高登工作基础上的研究使得我们

---

① 顾准.顾准文集.上海:华东师范大学出版社,2014:163.

的分析算法能步入实际应用,这是一个里程碑。参加过心电图终端开发的有硕士生于志斌、何逸珉、吴杰、李皓等。这些研究生毕业后几乎都在工业界工作,诚挚感谢他们以及中国科学院"百人计划"等人才项目的支持,这些资助使得笔者能在宽松、自由的氛围中考虑一些具体而深入的问题。特别地,上海瑞金医院心脏科刘霞主任医师长期以来给予了专业指点与热情鼓励。诚然,对大家最有分量的感谢当来自可能受惠于本研究成果的社会与百姓。

大慧普觉禅师有言:心术是本,文章学问是末。本小册子既是工作内容小结,亦是"余事"一桩。冯·诺依曼在其《计算机与人脑》"引言"中说:逻辑学与统计学应当主要地(虽然并不排除其他方面)被看作是"信息理论"的基本工具。拙著思想恰好是其在人工智能应用中一具体表现形式,即规则推理与统计学习(机器学习)的结合。

钱学森先生说,从思维学角度看,对联的过程是:出联的上联是给出一个结构,请应联者据此去找零件填入这个结构,思维就在于搜索思想库找材料。他的体会是,形象思维是与上述答对联相反的:有材料,但无结构。思维的任务是拢形象,即结构。相反也相成。拙著各部分之首,是笔者集古代书法名碑帖字而成的对联,于各章内容似有关联而未必切题。既然对联是思维的一种形式,就不揣简陋敷列其中供方家一笑。但愿有更多像朱教授、徐教授那样的批评指正。

2016 年 11 月 30 日
于中国科学院苏州纳米技术与纳米仿生研究所

后记

智弗出童子，能有入庶民

集《毛公鼎》字

笔者自觉人工智能乃发自内心之专业兴趣，隐性知识学习则是其中有所感悟与体验者，近些年里略有新思，尽管于人工智能成果带来的宽广应用可能言，微不足道，无非是读书50余年，学习人工智能30多年，从事其与传统文化和医疗健康的交叉工作超过20年，旁及工程思维、书法模拟、中医证验和教学理念的些许认识与反思，似可另出一小册子。

2023年晚秋，笔者到病房看望家父后，等公交车时一位不相识的同行赐读拙著后联系、交流，联想到同样突然看到的不相识的阅读者、母校学友、拟报考学生等的感受反馈，颇觉鼓励与鞭策，即询问包惠芳编辑是否出第二版。记得第一版因勒口可有可无一字曾与包编辑言及，她客气地表示等再版改过，笔者当时没想"有再"，这么多年更未念及，问前也无记当年情形。不久包编辑回复并发来"书稿列选单"，感谢她的鼓励与支持，同时感谢中国科学院苏州纳米技术与纳米仿生研究所的自由学术氛围与交叉研究环境。

拙著第一版承蒙上海科学技术出版社原社长毛文涛博士抬爱，学物理出生并任上海世纪出版集团副总裁多年的他于大语言模型给出版业带来的机会与挑战所见不凡。中国大量机构此间纷纷部署大语言模型研发与应用工作，多类似于在既有基础软件系统上的"二次"开发，其中不乏重复，由以往情状大致可知。

其实笔者也有相仿误识。原以为将新内容插入一版各处并注意衔接即可。复览旧文，不如意者众，扩充、增加的同时是删除与改写，"剪除"业已出版内容不易，只是"生命力"已过，于读者、于己不得已如此。同时，不乏新产生的段落，既丰富了表达，又强化了观念。以文字计，除去所删，本版新增约占所保留内容的35％。著作以文字、思想、成就论，笔者只能力求表达规范，呈现自己的想法，于成就则颇惭愧。一版中讹漏处对读者可能的影响令笔者深感不安。

有言"人贵饱学，文贵简练"。笔者无学富五车之识，又非思如泉涌之器，腹下空空，脑中贫贫，何言"删繁就简三秋树，领异标新二月花"。曾有拙著编辑建议增加篇幅，笔者意必要引用之外毋庸敷述。杨振宁先生曾言在60岁时感到生命是有限的，笔者乃布衣，具此念比杨先生早而更会珍惜与同仁交流的机会，尽管是出版物中沧海一粟，恳望同仁批评、苔岑切磋、方家指谬。

一版出版后有前辈通话勉励并提及，没（请人）写序？笔者那会没想过再出此类书籍。回答则是写序的前提是读完拙稿,因此那事首先意味着让别人看其本来未必愿意看的内容,若假设其没时间而提供草稿,序作者然后根据自己观点修改未尝不可,可是失了序的本意。此为陋见,笔者读他人著作,序是习惯首先浏览的内容之一,彼处时见精辟评论和生动介绍,乃阅读之果也是书作者之幸。笔者也曾写过几次出版物推荐语,前提是完整习览。至于史学大家顾颉刚的《走在历史的路上——顾颉刚自述》原本是其著作之"序"而独立成书则另当别论。

拙著第一版出版后的一个午间,笔者揣先收到的样书(扉页上有"献给年届米寿的双亲"字样)从办公室到父母所住病房,老人已休息,于是给坐着准备外出的姐姐(我们就姐弟俩),未料当年暑期,姐姐因诸病并发(其实当时就有不适感)、不治离世,四年多后,不时念叨姐姐、卧床两年多不能活动的母亲驾鹤西去,那是笔者一生中最大的心灵震撼和情感撞击,尽管没有因此在任何人面前流过泪。忆起母亲的宽善朴厚和诚挚爱执、与姐姐相处的难忘岁月,笔者常悔己话语不多又耐心不够,无奈之至,只能怀着永久的感念与忏愧走向终点,还能再会与诉说不? 辛弃疾有偶题《七绝》诗:"人生忧患始于名,旦喜无闻过此生。却得少年耽酒力,读书学剑两无成。"岁月蹉跎、逝者如斯,去日苦多、无可告慰,谨以拙著献给母亲和姐姐在天之灵。

2024 年 1 月 9 日
于中国科学院苏州纳米技术与纳米仿生研究所